U0233834

中央高校基本科研业务费专项资金重大专项项目"习近平生态文明思想的理论贡献研究"（2572022DA01）成果

国家社科基金项目《现代生态意识的培育与践行研究》（14BKS055）成果

生态意识的培育与践行研究

于冰 著

人民出版社

目　录

序

还是在几年前的一次学术会议上，于冰教授告诉我，正在撰写一部关于公众生态意识的学术专著。因为我对这个议题也有所涉猎，并且一直认为这是我国生态文明建设中的重要议题，就鼓励她尽快完成这一著作。如今，这部著作终于成稿并顺利出版，可喜可贺。统观全书，我有如下三个强烈印象。

一是研究思路清晰。作者从工业文明向生态文明转换的宏大时代背景出发，以生态意识的当代审视和生态自觉为切入点提出研究问题，通过梳理中西生态思想资源尤其是马克思恩格斯的自然观，明确生态意识的理论渊源和方法论指导，进而阐释当代生态文明思想的创新和发展，特别是深入解读"生命共同体"和绿色发展在生态意识形成中的重大引领意义，在准确把握生态意识培育中存在问题的基础上，最终落脚于生态意识的当代建构和实际践行。

二是研究态度严谨细致。从这部著作的叙说表述，可以清楚看出作者的学术研究品格：概念的准确和简练、论证的严谨和缜密、行文的规范和流畅……我结识于冰教授是她在北京大学进站做博士后研究时，她给人的第一印象就是既勤奋好学，又严谨认真。可以说，这部著作是她对生态意识问题长期研究的成果积累，也是她一以贯之的严谨治学态度的集中展现。

三是研究的浓厚责任感。生态文明建设是一个庞大的系统工程，既需要每个人的现实参与和付出，也离不开理论工作者的扎实研究和贡献。于冰教授对生态意识问题的研究起步很早，同时对这一议题领域的研究也颇具前瞻性。在相当程度上，于冰教授这部著作出版所表明的是，在波澜壮阔的中国式现代化进程中，我国学界不仅越来越自觉地认识到新时代生态文明建设需要在生态意识上实现一场深刻的思想革命，而且日益自觉地从事一种基于中国立场和中国问题意识的社会主义生态文明理论与实践研究。

对于生态意识问题的学术探讨，我认为，这部著作至少有三个亮点或贡献：

其一，关于生态意识形成的必然性。建基于马克思主义的科学方法论基础，该书认为，生态意识的形成具有必然性。从时代的视角出发，生态意识有其独特的时代意涵，是生态文明时代的必然体现；从本质的视角出发，生态意识不过是以人对自然的关系折射出人对自身的关系；从生态意识本身出发，生态意识作为对生态问题的观念反映，涉及人对生态问题的情感、态度、认识等诸多方面。对于社会精英和广大群众来说，生态意识的形成首先是一场深刻的思想革命。人类社会对于自然生态的认知水平及预判能力都还是有限的，必须要通过生态文明建设，促进人们生态意识的充分觉醒。而要推动生态意识的觉醒，就要时常问问自己，是立足眼前看，还是用大历史的视角去看？立足一域看，还是站在国家整体去看？孤立地看生态，还是辩证系统地去看？只有以人民情怀、历史担当，把目光放长远、算大账，尊重自然规律，像保护眼睛一样保护生态环境，像对待生命一样对待生态环境，才能彻底告别传统意义上以损害生态为代价换取经济发展的老路，走出一条经济发展和生态环境和谐共生的生态文明新路。

其二，对于生态意识的学理性分析。该书以宏大叙事手法对生态意识做了系统全面的理论考察，不仅对西方主流性的生态思想流派进行梳理追踪，还对中国古代生态思想演进进行挖掘整理，更是对马克思恩格斯自然观进行理论溯源，在此基础上对当代马克思主义中国化时代化的生态文明创新理念进行深入阐释，从而使生态意识建构在不断发展的理论基础之上。因而，它令人信服地表明，当代中国需要创建一种既符合中国式现代化要求、同时也符合社会主义意识形态要求的生态意识。我认为，对生态意识的这种学理性分析的意义就在于，确立科学的社会主义生态意识，必须能够做到将社会引领价值和生态反思精神相结合，从而呈现为一个相互学习、共同进步的文化创造与进步过程。我们有理由相信，随着社会主义生态文明建设越来越走向深入，这样一种生态意识的不断形成与完善将会最终成为现实。

其三，关于生态意识的培育。应该看到，过去一段时期尤其是改革开放以来的重要积极进展是社会个体或公民生态权益意识的自觉或萌生，但也必须承认，创建一种生态化或合生态的社会主义生态意识的首要任务，就是实现公众生态权益意识和集体权益（责任）意识的重新结合，而这种结合既需要一定的社会制度条件，同时也需要意识形态培育方面的助力。因而，健康生态意识培育的真正难题在于，在中国式现代化不断推进的同时，如何能够创造一种实施上述革命性变革所需要的、生气勃勃的大众性生态意识（文化）体系。生态文明建设是一个长期的历史性过程，相应地，大众生态意识的培育也将是一个漫长的历史性过程。如今，我们前进的方向必须是明确而坚定的，即它将是一个社会主义生态文明的彻底实践和全面创新过程，也是一个社会主义生态意识通过不断培育与探索而赢得大众认可与践行的过程。对此，该书提出了一个较为全面系统的构建形塑之路，既提出了宏观的科学规划，又阐述了中微观的有效对策，反映了作者求真务实的学术态度。

总之，这是一部凝结了于冰教授多年心血和思考智慧的著作，也展现了我国学界关于这一议题探究之路上的新高度。因而，我很高兴地看到这部专著的付梓出版，并对她的未来研究充满新期待。

是为序。

郇庆治

2023 年 8 月 7 日

第一章 生态意识的当代审视

生态意识有其独特的时代内涵，它是专门针对当代社会发展所出现的生态危机而提出的，是一种新的时代意识。生态意识就其表现形式来说，无疑是人对生态环境的意识，但就其实质来说，则是人对自身生存发展的意识和觉解。生态意识与今天经济发展的新常态是一致的，与"绿色发展"的理念也是一致的。生态意识涉及人对生态问题的情感、态度、认识等诸多方面，但就其基本内容而言，主要是由这几个层面的意识构成的：一是认知层面的生态科学意识，二是伦理层面的生态道德意识，三是价值层面的生态价值意识。这三个层面的生态意识在其相互关系上，有一个由低到高、由浅入深的逻辑次序。对于不同层次的民众和不同的社会发展阶段，生态意识突出的重点应有所不同。

特定的时代总是有特定的时代意识。伴随生态文明时代的形成和发展，生态意识也开始作为一种新的时代意识悄然兴起，并日益受到世人的广泛关注。由于一定的时代意识总是体现着该时代精神的精华，并在一定程度上代表该时代"文明的活的灵魂"，因而作为生态文明时代的生态意识，也必然体现着这一时代精神的精华，并成为"生态文明"的"活的灵魂"。事实正是这样，生态文明的建立，离不开生态意识的引导；生态文明的"形"，离不开生态文明的"魂"。站在新的历史起点上，认真审视生态意识，积极培育生态意识，对于建设生态文明、推动经济持续发展以及我国社会主义现代化健康发展有其重要的理论与现实意义。

一、生态意识的兴起及其文明意蕴

虽说有人类的出现，就有关于生态的意识，但今天我们所讲的生态意识并不是就这种通常的意义而言的，而是有着独特的时代内涵。它是专门针对当代社会发展所出现的生态危机而提出的，是当代社会发展的必然要求与产物。

人类关于生态与环境的意识，是同人类社会的发展状况紧密联系在一起的。在远古社会，人类社会处于蒙昧、野蛮时代，面临的生存环境比较险恶，其生活也是比较艰辛的。当时，人们主要以采集与狩猎为生，劳动工具也主要以石器为主，生产力水平低下，人们的生存和发展基本上受环境的支配。迫于环境变迁的巨大压力，古人群不得不选择迁徙，以寻找适于生存的地方。正是由于当时置于自然盲目力量的控制与支配之下，人们对自然逐渐形成了一种敬畏的心理，并由此形成了种种自然崇拜。这便是人类关于生态环境的最初意识。随着人类认识和活动能力的逐步提高，人类开始进入农耕时代。原始农业出现在距今大约一万年前的新石器时代早期，它将人类带入农业文明时代。在农业社会，人们生活和生产中使用的自然资源大都是可再生的自然资源，而且生产技术和生产工具也比较简陋，因而人们对资源、环境的使用程度有限。传统的耕作技术和生产工具，既不会对生态系统造成大的干扰，也不会在生产过程中产生使生态系统无法"消化"的废物。因此，在农耕时代的长期发展过程中，尽管人类利用和改造自然的能力也在不断增强，相应的生态问题也日渐显现，但总体来看，此时人类的发展对自然生态的负面效应是微不足道的。也就是说，由于地球生物圈能够一直保持较大的自我恢复生态平衡的能力，人们往往给予自然较少的关注。因而，人们总是以"自然"的即平常的眼光来看待和顺应自然生态。进入近代以来特别是工业化时代以来，随着科学技术和生产工具的不断进步，人类改造自然的能力越来越大，对自然界的征服、开发能力也越来越强，由此形成人与自然关系的重大变化：以前"敬畏"的对象现在成了"主宰"的对象，人的能量得到了空前的释放与爆发；相应地，人对自然的"主体意识"或主宰意识也得到了明显增强。造成这种状况的深刻根源，就在于资本逻辑的推行和扩展。出于追求利润最大化的本性，资本必然会无限制地开发和利用自然资源，因为这样的自然资源和"自然力"，"不费资本家的分文"。无限制开发和利用的结果，必然导致对自然资源的残酷掠夺、对自然环境的巨大破坏。对于这种严重后果，马克思当年就做过描述并提出过警告："资本主义农业的任何进步，都不仅是掠夺劳动者的技巧的进步，而且是掠夺土地的技巧的进步，在一定时期内提高土地肥力的任何进步，同时也是破坏土地肥力持久源泉的进步。"[1] 马克思虽然讲的是资本对土地的掠夺，实际上对所有的资源、环境都适用。当代生态环境问题的出现，如气候变暖、臭氧层破坏、土地沙漠化、生物物种锐减、海洋与淡水资源污染等，就是其明显的表现。生态环境危机的出现，给人类带来诸多困境，同时给人类重重地敲响了警钟。正是在这样的背景下，人类开始了对生态环境的重新审视，由此萌发并强化了新的意识——生态意识。

"意识在任何时候都只能是被意识到了的存在，而人们的存在就是他们的现实生活过程。"[2] 既然目前的存在是这样一种状况，那么，作为其观念反映，"生态意识"的提出就是一种必然的产物。也就是说，"生态意识"不是偶然提出来的，而是时代发展、现实发展强烈呼唤出来的，是作为"时代声音"响亮地发出来的。它不是对生态的一般意识或认识，而是对生态的一种理论自觉、思想自觉，它来源于人们对以往人类活动违背生态

---

① 《马克思恩格斯文集》第 5 卷，人民出版社 2009 年版，第 579—580 页。

② 《马克思恩格斯文集》第 1 卷，人民出版社 2009 年版，第 525 页。

规律带来严重不良后果的反省，来源于对现存严重生态危机及其根源的觉醒，来源于对人类可持续发展的关注以及对后代生存发展的感悟。因此，生态意识不是通常意义上对生态现状的一般"反映"，而是对现存生态问题的深刻"反思"。正是借助于这种反思，才有生态意识的提出，才赋予生态意识以独特的内涵。

尤其值得指出的是，我国把生态列入文明范畴、把生态文明建设列入整体文明建设之中，这是对生态问题最大的意识、最大的觉醒。尽管学术界对"生态文明"还有不同的理解，对生态文明能否作为一个继原始文明、农耕文明、工业文明时代之后的一个新时代也有不同看法，但将生态列入文明范畴，从文明的高度来审视生态问题，这无论如何是生态认识上的一个重大进步，是马克思主义生态理论和社会发展理论研究的一大成果。按照这样的思路，怎样对待生态环境，并不仅仅是一个纯粹的意识问题，而实际上是一个文明问题。有什么样的生态意识和行为，就会有什么样的文明状态，意识的水平体现着文明的水平。所以，生态意识成为生态文明的一个显著标志。建设生态文明，必须提高生态意识。当然，生态意识与生态文明不仅是一种涵盖关系（即生态文明本身就包含着生态意识），同时也是一种相互促进的关系。随着生态文明的发展，生态意识的水平也会不断提高。生态文明的全面营造，必然会大大强化全社会的生态意识。

二、生态意识的实质

从唯物史观来看，生态意识就其表现形式来说，无疑是人对生态环境的意识，但就其实质来说，则是人对自身生存发展的意识或觉解。生态意识直接指向的对象虽然是自然界，但其目的则是指向人自身。人如何对待自然界，实质上是人类如何对待自己的问题。生态意识不过是以人对自然的关系折射出人对自身的关系。因此，要深刻认识和领悟生态意识的实质，有必要从生态意识的提出、生态文明的要义以及生态问题的解决等多方面加以理解和把握。

生态问题古已有之，为什么在今天才成了普遍关注的"问题"？究其原因，主要在于它直接威胁到人的生存、发展。从实际情况来看，生态问题虽然产生于自然界，但实际上反映了人与自然关系的危机问题。由于科学技术和生产工具的迅速发展，人对自然的改造能力明显增强，这种改造一方面是对人的主体力量的确证，是对主体需要的满足，另一方面又是对主体过度行为的还击和报复。改造的力度越大，形成的报复也就越大。尤其在全球化条件下，这种报复是前所未有的。从空间上来说，影响的不是个别国家、地区，而是整个世界、整个地球。诚如有的学者所说，"自然界的行为是没有国界的。西伯利亚的寒流会支配日本的冬天，赤道下的太平洋所产生的台风会经历数千公里的旅程来袭击日本。墨西哥湾的海流在左右着欧洲的气候。美国的农作物如果歉收，全世界的粮食都会发生困难。地球是一个整体，全人类是一个命运共同体。"①既然地球是一个整体，那么，生态问题所影响的乃至所毁灭的就不是哪个国家、民族，而是整个人类。从时间上来说，影响的不是几年、几十年，而是波及子孙后代。为了眼前的利益，寅吃卯粮、竭泽而渔，带来的后果只能是抢子孙饭、断子孙路，使经济发展和人类发展难以持续。如此巨大的报复，绝不是对人类的一般影响，而是重大灾难，它直接影响到人的生存和发展。因此，生态危机实际上是人的危机。

生态问题是由人造成的，而人的行为主要源于人的认识。行为的盲目直接产生于认识的盲目。虽然恩格斯早在100多年前就曾提出过警告，不

---

① ［日］池田大作、［意］贝恰：《二十一世纪的警钟》，中国国际广播出版社1988年版，第45页。

要过分陶醉于我们对自然界的胜利，应警惕大自然由于我们的盲目行为而对人类进行"报复"。但是，人们并没有意识到这种警告，一直误以为地球的资源是取之不尽、用之不竭的，以为自己是大自然的绝对"主宰者"，对自然界可以为所欲为，很少考虑自己的行为后果，更不会考虑自然界会作出什么"反应"。直到20世纪后半叶，自然界敲响的警钟才使人们从盲目的、蒙昧的状态中醒悟过来，才使人重新审定人在自然界的位置，重新考虑人与自然的关系。这就是《人类环境宣言》所讲的那样："人类业已到了必须全世界一致行动共同对付环境问题，采取更审慎处理的历史转折点。由于无知或漠视会对生存及福利相关的地球，造成重大而无法挽救的危害。反之，借助于较充分的知识和较明智的行动，就可以为自己以及后代子孙，开创一个比需要和希望尤佳的环境，实现更为美好的生活。"① 事实确实如此。生态意识并不是纯粹关于生态的意识，而是关于人与生态"关系"的意识，它是将生态问题放到这种关系中来考察的，中心是考虑人的生存发展。反思这种关系，目的是唤起人们的生存意识、发展意识，进而通过这些意识的唤起改变人与生态的不合理关系，以寻求人的更好发展。所以，生态意识是通过对象意识达到的对人的自我意识，它是人的自我觉醒。

既然生态问题是由人的问题引起的，那么，生态问题的解决还得回到人自身。对于摆脱生态困境的出路，国际学界曾有过不同的思路：一种是抑制增长的思路，另一种是追求增长的思路。上述两种思路尽管观点相悖，但有一个特点是共同的，这就是离开人完全从技术角度来考虑问题，认为人类困境是由技术发展造成的，困境的改变也要诉诸技术发展。其实，无论是抑制技术的发展，还是大力推进技术的发展，都不是摆脱人类困境的根本出路，根本的出路还是需要从人自身来寻找。"解铃还需系铃

---

① 转引自夏伟生：《人类生态学初探》，甘肃人民出版社1988年版，第8—9页。

人"。因为人类困境固然与技术发展有关，但技术本身不能承担这样的责任，技术既可以为人类服务，也可以带来灾难，最后结果如何，完全是由人操纵的，技术的背后是人的身影。因此，要改变人类困境，不能把希望完全寄托于技术上，而应当从人自身着眼。或者说，摆脱人类困境的出路在于人的观念、行为的转变。对此，西方一些学者也有过明确的意识，如罗马俱乐部的创始人奥锐里欧·贝恰和国际创价学会会长池田大作等人就主张要从自然转向人自身，通过"人的革命"来解决全球问题。所谓"人的革命"，尽管涉及多种因素，但最主要的是人的精神、观念上的革命。贝恰就是从这一意义来理解的，他把"人的精神的复兴称之为'人的革命'"①。人的精神的复兴之所以具有"革命"的意义，就在于它直接支配人的行为，只有先有观念上的革命，才会有行为上的革命。就此而言，生态意识对于摆脱生态困境确实是至关重要的。

总的来看，生态问题的提出和解决，都是同人的命运紧密联系在一起的。生态意识，实质上就是对人的生存发展的自觉意识。明确这一点，对于正确看待生态意识、积极推进生态文明建设非常重要，因为它使生态意识真正进入了一个人学的新高度。

生态意识是和今天经济发展的新常态一致的。党的十八大以来，党中央在科学分析国内外经济发展形势、准确判断我国基本国情的基础上，提出了我国经济发展进入新常态的重大战略部署。为什么要提出"新常态"？直接的原因是"老常态"日益暴露出严重的矛盾、问题，影响到经济的下一步发展，更为深刻的原因则是人的生存发展面临诸多困境，需要调整经济发展方向，寻找新的出路。从发展方式来看，过去的发展主要采取的是粗放型的增长方式，拼消耗、拼资源，结果造成了严重的生态环境问

---

① ［日］池田大作、［意］贝恰：《二十一世纪的警钟》，中国国际广播出版社 1988 年版，第 159 页。

题，以致经济发展遇到了资源、环境的极限，而人的生存发展也被推向危险的边缘。经过这种高速发展之后，我国的经济发展不可能再走这样的老路了，资源、环境根本承受不了过去那种粗放增长的巨大压力，经济发展也不能以牺牲人的家园为代价。从经济发展旧常态转向新常态，就是要从以物为本转向以人为本，就是要使经济发展真正适合于人的正常发展。所以，要推进新常态的发展，客观上要求增强生态意识。反过来讲，要使生态意识不断得到增强并付诸实践，就要扎实推进新常态的建设。

增强生态意识，关键是要增强"绿色发展"的理念。党的十八届五中全会提出的"绿色发展"理念体现了对经济规律和自然规律的新认识，是对马克思主义关于人与自然关系理论的深化和创新。党的二十大也明确提出人与自然和谐共生的现代化建设要推动绿色发展。坚持"绿色发展"，就是要坚持节约资源和保护环境的基本国策，坚持可持续发展，坚定走生产发展、生活富裕、生态良好的文明发展道路，加快建设资源节约型、环境友好型社会，形成人与自然和谐发展的新格局，推进美丽中国建设。这种"绿色发展"的理念，可以说是现代生态意识最为生动、鲜活的体现。要使生态意识落地生根，就要切实推进绿色发展。

三、生态意识的构成与发展过程

生态意识作为对生态问题的观念反映，涉及人对生态问题的情感、态度、认识等诸多方面，但就其基本内容来看，主要是由这几个层面的意识构成的：

一是认知层面的生态科学意识。生态科学意识，就其本义来讲，就是要求人们用生态科学的眼光来看待自然，指导实践。而要树立生态科学意识，前提条件就是要有生态科学的知识。假如对生态的基本知识都不了解，那么，生态科学意识的树立就只能是一句空话。为此，加强生态科学知识的学习和宣传是非常重要的。从科学发展的情况来看，伴随生态环境问题的日益突出，环境科学也越来越受到学界和社会上的高度重视。按照学界的看法，环境科学的发展大致经历了两个阶段。第一阶段是运用化学、物理学、生物学、地学、公共卫生学等的原理和方法，研究环境污染的成因、危害机理和治理办法等，这基本上是按纯技术问题进行研究的。后来随着实践的发展，越来越多的学者意识到，环境保护不是一个纯自然科学问题，而更多需要的是人的活动、社会发展和环境变化之间的协调。由此，环境科学进入第二阶段，即把环境与社会的协调发展作为重点，综合考虑人口、经济、资源、环境等因素的作用及相互制约关系，多方面地探讨环境与社会协调发展的具体方式与途径，以求综合治理和整体推进。现在，好多人主张把环境科学作为基础科学来对待，其教育不仅仅是一种学科性的专业教育，同时是一种全民教育和终生教育。对于我国来说，由于民众对生态环境的基本知识了解不多，因而加强生态环境普及知识教育，对于提高全民生态科学意识是必不可少的。加强生态科学知识的教育，并不仅仅是让人们了解一些有关生态环境、生态保护的常识，更重要的是通过这种教育，引导人们正确认识和运用生态发展的规律，让人们自觉意识到：要使生态保持平衡，要实现生态系统的良性循环，就必须遵循生态规律；任何恣意妄为、违背生态规律的做法，都必然是自毁家园，遭受严厉的惩罚。树立生态意识，就是要确立按规律行事的意识。就此而言，加强马克思主义自然观教育、发展规律观教育是非常重要的。

二是伦理层面的生态道德意识。人们在活动中所形成的关于生态环境的认识、看法和情感，往往会转化为生态道德意识，进而成为生态道德规范。这种道德规范直接支配人们的生态行为，对生态文明影响甚大。反观我国的生态意识现状，应当看到，随着社会主义生态文明建设的整体推进，我国城乡居民的生态道德意识在逐渐增强，善待环境的理念也日益受到重视。但是，生态道德水平从总体来说还较为低下，有悖生态道德文化的现象还屡见不鲜。有些人对环保的问题不以为然，认为没什么大惊小怪的，"车到山前必有路"；有些人认为环境的问题是政府关心的事，老百姓不需要过多关注；有些人还甚至把生态环境保护与经济建设对立起来，认为强调环保就会影响和限制经济发展；等等。这种状况在日常生活中表现得更为明显。如在消费领域中，一些人受消费主义、享乐主义的影响，追求奢华，过度消费，把消费作为身份的象征。这样的消费观和生活方式，必然会造成资源的巨大消耗和浪费，形成资源环境与社会发展的失衡，进而引发生态环境危机。由此，生态伦理的问题逐渐受到学界高度关注，以致出现了"生态伦理学"这样一门新兴学科。无论从理论还是从现实来看，加强生态道德建设是非常重要的。建设生态文明，不仅需要行政约束、法律约束，更需要道德约束。相对于前者来说，后者是一种自我约束，这样的约束对于提升生态文明水平更为行之有效。为此，必须加强生态道德文化教育，加强社会主义核心价值观教育，提高全民生态道德意识，使每个人能够自觉把生态道德作为爱护环境、保护生态的行为规范。而要加强生态道德教育，需要普及生态道德文化知识，特别是要重视提高各级领导干部的生态道德文化水准；加强生态道德立法，规范人们的生态道德行为；合理引导消费，倡导符合国情的合理消费和适度消费。在生态道德教育过程中，要特别注意加强马克思主义生态思想的引领作用，因为它关涉到生态道德教育的基本原则和基本方向，不可能离开马克思主义的基本立场、观点来一般地谈论生态道德教育。事实上也是如此，生态道德总是和一定的制度性质、利益追求联系在一起的，不能离开制度分析来抽象说明生态道德。当然，在生态道德教育过程中，必须同时注意挖掘我国传统文化中所蕴藏着的丰富生态道德资源，并把这些资源与现代生态文化资源相融合，为生态文明建设提供有力的文化支撑。

三是价值层面的生态价值意识。人的活动都是有意识、有目的的，而这种意识和目的并不仅仅是知识论范畴，而且是价值论范畴。也就是说，人的活动总是具有强烈的价值追求。具体到生态意识来看，价值观或价值意识是隐含在生态意识结构中最深层的东西，尽管它不会直接表露出来，但对人的心理情感、意愿追求影响重大。从一定意义上说，生态问题的形成和发展，生态价值意识的扭曲是其根本的思想根源。反观近代以来的经济与社会发展，人们追求的目标不再是自我生活需要的满足，而是更大的经济价值和利润，赢利成为最大追求。这种价值追求和价值意识所依托的理念是：人类物质财富增长所依赖的资源和能源在数量上是无限的；自然环境对人类废弃物和污染物的净化能力也是无限的；自然环境只是用于人们开发、利用、消费的对象。正是在这种理念的引导下，人们的欲望越来越强，胃口越来越大，以致使生态环境在盲目开发、掠夺下渐渐失去了元气。现在，经过自然界的严厉惩罚之后，人们才渐渐醒悟过来，懂得了应当怎样与自然界相处。因此，要化解生态问题，必须改变原有的发展观，树立新的生态价值观。生态价值观实际上是一种与传统的功利价值观相对立的价值观。用这样的价值观来处理人与自然的关系，其核心是要保持人与自然和谐，既要维护人类利益，又要维护生态平衡，力求使生态系统和社会系统协调发展、共存共荣。在这方面，重点是要确立马克思主义的价值观和"共享发展"观。马克思主义的价值观就是追求人类解放和人的全面发展，而要实现这样的解放和发展，就要从人民的根本利益出发，自觉协调人与自然的关系；"共享发展"观就是要求发展为了人民、发展依靠人民、发展成果由人民共享，而要实现这样的共享，就要在生态环境问题上充分考虑人民的利益，不能以牺牲人民生存发展的利益为代价。要使马克思主义的价值观和"共享发展"观落地生根，重要的一点，就是要合理地对待资本的发展。资本作为资本，永远不会改变其本性。只要资本逻辑强势推行，生态危机就难以避免。就此而言，不能听任资本的盲目发展。但是，在现阶段，又不能简单拒斥资本，必须注意充分发挥资本在生态文明建设中的效能和作用，通过引导投资方向、增加资本投入，改善生态环境，实现"绿色发展"。总之，在具体发展上，既要承认资本、发展资本，又要合理引导资本、驾驭资本。

上述三个层面的生态意识在内容上是相互独立的，但在其相互关系上，则有一个由低到高、由浅入深的逻辑次序。作为生态意识，首先是认知性的，即对生态环境起码有一个常识性的了解，对生态问题有一个比较清醒的认识，否则就很难谈及生态意识。可以设想，如果对生态环境完全处于"文盲""半文盲"状态，那么，提高生态意识只能是天方夜谭。而要提高生态意识，重要的是明确并合理对待人与自然的关系，这就要求从认知层面进入到伦理层面，即树立正确的生态道德意识，善待自然，真正确立起人与自然友好相处、和谐共生的关系。这是生态意识的升华。生态意识要从根本上确立，关键是要有正确的生态价值观。这就是要在生态环境问题上必须有合理的价值指向，在经济发展和资源环境的利用与开发上有合理的价值追求，不搞"GDP崇拜"，不迷恋"速度情结"。只有在价值观上解决问题，才能从思想深处确立生态意识，因而生态价值意识是最为深层的生态意识。既然三个层面的生态意识是这样一种由低到高、由浅入深的关系，那么，增强生态意识也是一个不断提高的渐进过程。一般说来，在这一过程中，首先是要加强一些生态性的科普教育，让人们了解有关生态环境的一些基本知识，明白生态问题的重要性；在此基础上，加强生态伦理教育，树立正确的生态道德观念，形成相应的道德规范，并内化为"环境素养"；进一步的发展，就是要从价值观上给予合理的校正，特别是加强当代中国马克思主义生态价值观的引导，使生态环境真正沿着正确的价值导向、价值目标发展。当然，这个过程也不是线性发展过程，其中不同层面的生态意识也有一些相互交叉、相互渗透，各种意识就是在其相互作用下不断向前推进的。

需要指出的是，生态意识虽然需要全面提高，但对于不同层次的民众以及不同的社会发展阶段，生态意识突出的重点又有所不同。就不同层次的民众来说，对于普通群众，重点是加强环保教育、生态伦理教育，以提高其环保意识、消费意识等，形成自觉的道德规范，并用这种规范来约束自己的行为；对于领导干部，重点是树立正确的政绩观和发展观，不能仅仅以 GDP 增长论英雄，切实树立合理的价值导向，引导经济、社会健康发展。就不同的社会发展阶段来说，强调的重点也有差异。一般来说，在生态文明建设的起步阶段，在全社会加强生态环境的普及教育和生态问题的危害性教育是非常必要的，而到了一定发展阶段，更多的是需要加强生态伦理、生态价值观教育，在新的发展理念的指导下，形成全社会的生态道德文化，从总体上提升生态意识水平。总之，在全社会、全民族提高生态意识，是一个系统工程，需要根据实际情况，有针对性地采取相应的办法和措施，有效地推动这一工程的建设，加快生态文明发展的步伐，促进经济社会持续健康发展。

第二章　建设生态文明需要生态自觉

建设生态文明，必须在全社会范围内形成高度的"生态自觉"。所谓"生态自觉"，就是通过对生态问题的反省，达到对生态与人类发展关系的深刻领悟与把握，并由此内化为人们的心理与行为习惯。生态自觉是建设生态文明的阶梯和桥梁。只有对生态问题的理性自觉，才能有对生态问题明确的、合理的认识；自觉的程度如何，生态文明的水平也就如何。因此，提高生态自觉是建设生态文明的一项基础性、前提性工作。

一、生态自觉的内容

对于生态或自然的认识，人类经历了一个漫长的演变过程。在古代社会，由于生产力水平低下，因而人们基本上是置于自然盲目力量的控制与摆布之下，相应地，也就形成了对自然的一种敬畏心理，并由此形成了种种自然崇拜。尽管当时也有过一些"征服"自然的传说和神话，但充其量也不过是人的一些想象和设想，正如马克思所说："任何神话都是用想象和借助想象以征服自然力，支配自然力，把自然力加以形象化。"[①]真正使人的地位和作用加以凸显的现象是从近代开始的。科学技术日新月异的进步和生

---

① 《马克思恩格斯文集》第 8 卷，人民出版社 2009 年版，第 35 页。

产力的巨大发展，极大地释放了人类的能量，明显提高了人类改造自然的能力，人与自然的关系也发生了重大变化：往日敬畏的对象现在成了主宰的对象，人的"主体性"得到了高扬。但是，历史是无情的，就在人们陶醉自己胜利的同时，自然界也给予人类以无情的报复：生态环境日益恶化，严重威胁到人的生存发展，以致给人类敲响了警钟。也正是在这种警示作用下，人们不得不回眸自然，重新审视自己的行为，由此突出了生态自觉。

由于生态问题并不纯粹是生态本身的问题，而是涉及人与自然的关系问题，因而生态自觉主要包括两方面的内容：一是对生态定位即生态地位、作用的自觉；二是对人的行为方式的自觉。

首先来看生态定位的自觉。所谓生态定位的自觉，简单说来，就是要对生态在人与自然关系中的地位和作用作出正确的认识和估价。对于人及其活动来说，自然主要担当着这样几种重要的"角色"：

一是作为人类生存的家园。自然是人的"感性的外部世界"，是人的生存和生活的环境。人不可能离开这种"外部世界"来生存和发展。就此而言，自然是人的"赖以生活的无机界"，是"人的无机的身体"[1]。假如这种身体出了问题，人自身的机体也难以健康生存。当然，人的家园并不是纯自然的，但自然毕竟是前提、基础，就像罗尔斯顿所说，"我们的家园是靠文化建成的场所，但需要补充的仍然是：这家园也有一种自然的基础，给我们一种自己属于周围这块土地的感觉。"[2]破坏了这样的基础，也就等于破坏了生存的家园。随着现代科学技术的快速发展，人与自然的矛盾日益突出，人们更加深切地感受到"人所处的自然环境"对于人类生存发展的重要影响。按照现代系统论的观点，任何一个系统，尤其是开放系统，都离不开该系统的环境。人类社会系统一经出现，就要不停地与外部

---

[1]　《马克思恩格斯文集》第 1 卷，人民出版社 2009 年版，第 161 页。

[2]　[美] 霍尔姆斯·罗尔斯顿：《哲学走向荒野》，刘耳、叶平译，吉林人民出版社 2000 年版，第 469 页。

自然环境进行物质、能量以及信息的交换。像土地、水源、河道、森林、矿产、阳光、空气等，都会作为原料（物质），或者作为动力（能量），参与这种交换。假如中断了这种交换或交换出了问题，人类社会系统的新陈代谢就会停止，人类生存的家园也随之被毁坏。

二是作为生产资料和生活资料的源泉。人类生存和发展所需要的一切财富都要通过劳动来获得。但是，仅有劳动还不能创造财富，只有劳动和自然界一起才能成为财富的源泉。按照马克思的观点，自然富源在社会生活中的作用，可以分为两类：一类是提供生活资料的天然富源，如肥沃的土壤、大量鸟兽和鱼类等；另一类是提供生产资料的天然富源，如金属、煤炭、石油、树木、水力、风力、电力等。这两类富源对于人类的生存和发展都是不可缺少的。在人类社会发展的早期，它们是天然的"仓库"，为人类的生活和生产直接提供所需要的物质资料。后来随着社会生产力的提高，人类对这些自然富源的直接依赖程度逐渐降低，利用和支配自然的能力大大增强。但是，这种利用和支配，并不意味着对自然的脱离。人们越是要有效地利用自然，就越是需要深入地认识和把握自然。就此意义而言，人类对自然这一天然富源的依赖永远不会完结，只不过是依赖的方式和活动的范围与深度扩大而已。

三是作为物质生产活动的要素。自然界不仅是人类活动的外部条件，而且由于劳动过程是人与自然的物质交换，因而自然实际上成为人类生产劳动过程中的一个内在要素。这样的自然是进入人类活动的，首先是物质生产活动中的自然，它同其他生产要素相结合，共同推动着人类生产的向前发展。马克思曾以商品为例说明这一点，认为商品是使用价值与价值的统一，是它的自然方面和社会方面的统一，即"自然物质和劳动这两种要素的结合"①。马克思还认为，劳动产品也是各种要素"融合成为一个中性

---

① 《马克思恩格斯文集》第 5 卷，人民出版社 2009 年版，第 56 页。

的结果"①，在劳动过程的三大基本要素材料、工具、劳动（即劳动对象、劳动资料和劳动本身）中，无一能够脱离自然。

四是作为精神力量展现的对象和精神生活的来源。马克思指出："人的肉体生活和精神生活同自然界相联系"②。就人的精神生活与自然界的关系来说，其表现形式是多种多样的：既有主体能动创造和自我确证的关系，也有伦理、价值的关系，还有审美、娱乐的关系。自然界在不同的关系中便成为不同的对象：在生产活动中成为改造的对象，在科学、艺术活动中成为科学与艺术的对象，在审美情景中则成为审美的对象。大自然不仅是精神力量展现的对象，而且是精神生活的来源，以致人的各种感觉能力都是在大自然的影响下激发和开启的。"不仅五官感觉，而且连所谓精神感觉、实践感觉（意志、爱等等），一句话，人的感觉、感觉的人性，都是由于它的对象的存在，由于人化的自然界，才产生出来的。"③既然自然界是人的精神力量展现的对象和精神生活的来源，那么，要使人的精神力量和精神生活得到健康的发展，就必须使这种对象、来源得到合理的改造和有效的保护。

再来看人的行为方式的自觉。由于生态问题的出现并非生态本身发展所致，而主要是由人的行为引起的，因而生态自觉更为重要的是应对人的行为方式有一个高度的自觉，即对人的行为方式的合理性和正当性有一个准确的把握与评判。就人的行为方式来说，重要的是要实现这样一些自觉：

首先，应当明确人是自然界的产物。人直接地是自然存在物，是"自然界的一部分"④。"一个存在物如果在自身之外没有自己的自然界，就不

① 《马克思恩格斯全集》第46卷（上），人民出版社1979年版，第258页。
② 《马克思恩格斯文集》第1卷，人民出版社2009年版，第161页。
③ 《马克思恩格斯文集》第1卷，人民出版社2009年版，第191页。
④ 《马克思恩格斯文集》第1卷，人民出版社2009年版，第161页。

是自然存在物，就不能参加自然界的生活。一个存在物如果在自身之外没有对象，就不是对象性的存在物。"①正因为人是自然存在物，因而人绝不能摆脱自然、超乎自然，必须明确自己在自然界中的恰当位置，以自然界为前提来从事各种活动。就其实际情况来看，人的生存和发展总是要依赖自然界。人要生存，就不能离开自然界的阳光、空气、水分；人要发展，就不能满足大自然的表面恩赐，必须向自然界进行深层次的利用与开发。

其次，应当明确自然"人化"的限度。自然不会自动满足人，人必然要按照自己的意愿来改造自然，这是人类正常生存的基本法则。可以说，人类几百万年的生成史和几千年的文明史，就是人化自然的历史。人化自然构成了人类文化和文明的重要组成部分。但是，在特定的历史条件下，人化自然的程度并不是越高越好。人化自然的发展不能以破坏自在自然的平衡为代价，人化的限度只能保持在自然生态的正常发展范围内，突破了这一"底线"，只能造成巨大的灾难。因为"受伤"的自然并不会把"伤害"自己忍受下来或承担起来，而往往会向它周围的自然——未人化的自然继续传播、扩散开来。这样，未人化的自然无疑会受到传染与伤害，导致整个生态系统发生危机。因此，"人化自然"的进步作用既要充分肯定，又要合理掌控与把握。

再次，还应当明确人的行为、活动要服从自然规律。在人与自然的相互关系中，主体永远是人，客体永远是自然。但是，这并不表明人可以随意违背和超越自然规律。规律永远是客观的、不能随意改变的。不管在何种条件下，人们只有自觉地按照其自然规律行事，才能有利于自身的生存和发展，盲目的征服、掠夺只能是咎由自取，自食其果。诚如培根所说："要支配自然就须服从自然"②。这样的基本立场事实上就提出了一个主体

---

① 《马克思恩格斯文集》第 1 卷，人民出版社 2009 年版，第 210 页。

② ［英］培根：《新工具》，许宝骙译，商务印书馆 1984 年版，第 8 页。

性发挥的"适度"问题。也就是说，在实际活动过程中，主体的需要要适度，主体对自己作用的估量要适度，主体的行为要适度。适度的标准就在于人与自然的协调、和谐。应当指出的是，"适度"的"度"并非是一个刻板的尺度，而是一个动态发展的尺度。

上述两种自觉实际上分别指向的是物的自觉和人的自觉。这两种自觉的有机结合，便形成了比较完整的生态自觉。自觉总是相对于自发而言的。之所以强调生态自觉，就是因为我们不能仅仅靠自发来形成对生态问题清醒的认识，即便是有可能形成这样的认识，但所需的时日可能太长了，付出的代价太大了。严峻的生态形势迫使我们必须有这样的理性自觉，或者说，生态自觉是生态形势逼出来的。

二、生态自觉的培养与建构

要在全社会形成普遍的生态自觉，不能仅仅停留于对生态问题的一般认识，也不能停留于一般的倡导与号召，而是需要进行积极的培养与建构。培养与建构的途径和方法是多方面的，但就其基础性的工作来说，重点是要从如下方面作出重大努力：

首先是加强生态文化建设。提高全民族的生态自觉，建设环境友好型社会，需要与之相适应的生态文化作为支撑。所谓生态文化，就是人们根据生态发展的现状与趋势，结合本民族的文化特点，对生态问题的独特理解和把握。它是通过有关环境的知识、信仰、艺术、宗教、道德、法律和习惯等加以体现的，是所有这些因素的复合体。生态文化对于生态文明建设是至关重要的。所以，只有在全社会营造健康的生态文化氛围，才能有助于促进生态自觉、树立科学的生态意识，才能改变人们业已滋生并日益强化的物质主义、享乐主义生活观，增强人们节约资源、保护环境的主动性、自觉性和责任感，从而为建设生态文明凝聚精神动力。为此，必须在全社会加强环境道德教育、环境法制教育、环境经济教育、环境科学教育，通过这些教育，促进生态文明良好风尚的形成。在这种教育的过程中以及生态文化建设的过程中，课堂教育、新闻媒介、社会舆论起着重要的作用。总之，只有齐抓共管，通力合作，才能有效地构建健康的生态文化环境，促进生态文化的发展。当然，加强生态文化建设仅靠教育还是不够的，还须引导民众积极参与生态文化建设，提高民众的参与水平。如引导公民都要从我做起，从力所能及的事情做起，自觉参加资源节约和环境保护的各种公益性活动；引导公民改变不合理的消费方式和生活方式，使节约资源、绿色消费成为人们的自觉行为；让每个公民能够行使知情权、监督权以及环境保护参与权等，以利于促进环境决策的民主化，提高公民自身环保素质。

其次是加强制度建设。文明是一个总体性的概念。一般说来，它是由物质文明、精神文明、政治文明、社会文明和生态文明构成的，各种文明之间又存在着相互依存、相互制约的联系。生态文明的建设，必须有各种制度文明（尤其是政治领域、社会领域的各种制度文明）来保证。只有在合理的制度安排中，人们的生态自觉和生态环境保护意识才能滋生、发育，生态环境责任才能成为可普遍践行的责任，生态保护行为才能成为自觉的、自我约束的行动。合理的制度安排能够充分体现公正原则。唯有公正，才能充分反映社会广大民众的意愿，才能有效地凝聚社会各方面的力量，才能形成有关生态问题的共识，从而有助于从生态观念上提高文明的水平。制度的公正应当体现在能够实行公开、公平、公正的政治参与和政治决策，能够使人人在法律面前平等，能够形成公正的社会监督。正是这样的制度公正，才能使人们的生态意识趋于理性，从而防止非理性的冲动，因为非理性的冲动和行为是要受到制度、法律的约束和惩罚的，是要付出沉重代价的。加强制度建设是提高生态意识的必要前提和基础。需要指出的是，加强制度建设除了建立健全法律法规体系外，更重要的是加强政府的治理。所有这些，既会加强制度建设，又会促进生态自觉的提高。

再次是调整利益关系。"意识在任何时候都只能是被意识到了的存在，而人们的存在就是他们的现实生活过程。"①在实际生活过程中，人们的意识之所以不同，就是因为他们的"存在"不同，而这种不同最根本的是利益不同。意识不过是利益的观念表达。生态意识也是如此。在生态问题上，之所以会出现各种不同的乃至截然对立的看法与意见，根本的原因在于代表的利益不同。观念冲突的背后实际上是利益的冲突。在全球范围内，虽然环保意识一再被强调，但生态环境恶化的趋势并未减弱，原因就在于世界各国不公平的利益使然。一些西方发达国家为了维护、扩张其既得利益，总是极力在环境问题上对发展中国家推行双重标准，夸大发展中国家的发展对自然环境的破坏性影响，以此阻挠这些国家的正常发展。所以，全球环境问题的根源以及对待环境问题的不同立场、态度，都根源于利益的追求。在现实生活中，各种利益主体在决定是否采取环保措施时，都会首先面临公共利益与群体利益的矛盾，面临社会效益与个体或群体利益的权衡和取舍，这就使利益因素成为考虑的首要问题，其他环保技术因素反倒无足轻重。就此而言，生态观念行为的变革必须以利益的合理化为前提。因此，要提高生态自觉，树立科学的生态意识，推进环保行动，必须切实关注利益问题，妥善地调整各种利益关系，从源头上遏制盲目观念、行为的滋生和扩张。利益问题不解决，生态问题的解决只能停留于一般的呼吁，生态意识也不会产生多大实际影响。这是国内外经验教训所给予我们的深刻启示。

---

① 《马克思恩格斯文集》第 1 卷，人民出版社 2009 年版，第 525 页。

第三章　中西生态思想资源及其当代价值

　　增强生态自觉，树立现代生态意识，既要直面现实，对现实的生态环境问题予以高度重视和深刻理解，又要善于从人类思想史上吸取生态环境的思想智慧。有鉴于此，我们不仅要从生态治理的实践中去总结和升华，而且要从古今中外的生态思想资源宝库中汲取一切有价值的思想资源。所谓思想资源，就是指各个国家、民族自古以来形成的有关保护生态环境的理念、价值、文化等。在这里，我们主要考察西方生态思想资源和中国古代生态思想资源，力求通过这些生态思想资源的挖掘，为当今中国生态环境治理提供有益的借鉴。

一、中国古代生态思想资源

　　中国自古以来就有朴素的生态思想。这些思想主要包括关于生态环境与人、生态环境保护、自然资源的利用等观点，其形成有着特定的经济、历史和文化背景，归结起来就是农耕生产、自然崇拜、封建社会长期形成的制度文化。中国古代生态思想在几千年的发展过程中，体现于各种思想与流派之中，但主要存在于儒家、道家和佛家流派之中。这些古代生态思想资源成为中国古代传统文化的重要组成部分，是我们生态思想的重要来源。

（一）中国古代生态思想资源产生的背景

任何思想都是在一定的生产实践基础上形成和发展起来的。同样，中国古代生态思想也是在中国古代长期以来的生产生活实践基础上形成的，具有深厚的经济和社会背景。总的来说，中国古代生态思想资源是在中国几千年农耕生产方式的基础上，在长期以来对自然崇拜的基础上，在几千年封建社会文化的熏陶下形成的。只有探究中国古代生态思想资源产生的经济、制度和文化背景，才能更好地理解和把握中国古代生态思想。

1. 农耕生产

中国是农业古国，封建制度在中国存在了两千年之久。在其漫长的岁月中，作为封建制度的基础——农耕生产方式，对于中国古代生态思想资源的产生起到了决定性影响。由于中国古代生产力水平不高，人们对于自然界的认识不能依靠先进的科技手段，完全是根据自己以及先人长期形成的经验，所以在农业生产以及处理人与自然关系中，突出了"天时"的观点。庄稼的生长成熟需要大自然提供充足的光和热、充分的水分和二氧化碳，又要从大地吸收无机盐、矿物质等营养物质。大自然给予的这些恩赐即"养之者天也"。所以庄稼的收获，是天、地、人三者共同协调的结果，是"天人合一"的产物，是人类"参赞化育"的实践后果。在古代，生产力不发达，古人常有"靠天吃饭"这一说法。《尚书·尧典》讲"食哉唯时"，就是把掌握天时当作解决民食的关键。为此我国早在夏代就创了"夏历"，开创了农业立国的先河，随后又制定了较为完整的纪年法，又把一年分为二十四个节气。迄今，我国的农事活动还是按中国传统的农时，按时播种和收获。"不违农时""不失农时"成为农事活动的最高原则之一。长期从事农事活动的人都知道："人误地一时，地误人一年"。

传统的农耕方式是以血缘和家庭为主要的生产组织形式。由于生产力水平的限制，个人无法完成一整套的农业生产活动，这就必须依靠以血缘为基础的家庭这一基本单位进行协同劳作。《周易》作过这样的描述："家人，女正位乎内，男正位乎外。男女正，天地之大义也。家人有严君焉，父母之谓也。父父，子子，兄兄，弟弟，夫夫，妇妇，而家道正；正家而天下定矣"①，即在家庭分工上，女子主持家务，而男子主持外务。家庭中只要做到父子、兄弟、夫妇之间的位置摆正，家庭就和谐；家庭和谐，国家就安稳。《周易》还认为家人不仅要相爱，更要求家人做事要除恶从善，勿以恶小而为之，勿以善小而不为。才可能使家庭避免灾难，充满幸福，所谓："积善之家必有余庆，积恶之家必有余殃"。

2. 自然崇拜

在人类社会的初期，由于生产力水平低下，人们只能通过运用简陋的石器工具进行狩猎和采集活动，面对打雷、闪电、狂风、暴雨、火山、地震等自然灾害，可谓是措手不及，无能为力。这不仅影响了早期人类生产活动，而且使人身安全也难以得到保障。由于当时所有的生活资料全部来源于自然，形成了过分依赖自然的局面，在对自然的恐惧和依赖下，久而久之便形成对自然物和自然力的神话和崇拜。从敬畏天地、崇拜太阳神、雷神、山神等自然物，发展到对超现实的彼岸世界天堂的信仰。人们自发的自然崇拜，目的在于祈求自然神灵保佑他们的生产和生活风调雨顺，于是便在特定的时间地点祭祀自己所崇拜的自然神，表现出对自然的敬畏、尊重。直到今天，我们仍然可见到古人自然崇拜的遗物遗址。北京的天坛、地坛、日坛、月坛及各地一些祭祀的庙宇，就是人类早期自然崇拜的象征。从一定程度上来说，早期人类对自然的崇拜，实际上形成了一种"人与环境互惠感"，即：人类善待自然，自然也会善待人类。虽然这种互惠感包含着大量的封建迷信思想，但同时也是十分务实的思想，人们对于自然神的崇拜直接导致对自然的敬畏，这客观上

---

① 伏羲氏：《周易》，杨天才、张善文译注，中华书局2011年版，第331页。

有利于对自然界的保护。因此，自然崇拜是中国古代生态伦理思想产生的重要背景。

3. 制度文化

中国封建社会存在两千多年，在这漫长的岁月中形成了一套完整的制度文化。从制度上来说，我国古代很多君王在"生生不息"思想的指导下，推行过不少的环境保护措施。西周时期颁布的《伐崇令》，其中就规定，"毋坏屋，毋填井，毋伐树木，毋动六畜，有不如令者，死无赦"；战国时期对生活垃圾都有细致、严格的规定，从"弃灰于道者断其手"（《韩非子·内储说》）规定就可见一斑；《地数》中有"动封山者，罪死而不赦。有犯令者，左足入，左足断；右足入，右足断"的记载；秦朝颁布了保护农田耕作与山林的法律——《田律》；唐代唐高祖李渊公元618年建立唐朝之后，就设立了虞部，命其"掌京城街巷种植山泽苑囿、草木薪炭，供顿田猎之事"；等等。

从文化上来说，奉行"顺时取物"，即早期的环保循环文化萌芽已经出现。《荀子·王制》记载："草林荣华滋硕之时，则斧斤不入山林，不夭其生，不绝其长也……春种夏耘，秋收冬藏，四者不失其时，故五谷不绝……池渊沼川泽，谨其时禁，故鱼鳖优多"。这项被荀子称之为"圣王之制"的，就是顺时取物的农耕政策。"顺时取物"，体现的是对自然时令的尊重和合理利用。《淮南子·主术训》记载，不仅要"教民养六畜，以时种树，务修田畴，滋植桑麻"，而且还要"肥跷高下，各因其宜"，意思是要根据不同地形、地势灵活地改变耕种方式和种类，是在因时制宜的耕作基础上提出的因地制宜原则。据《区为梁：高明县志·卷二》的记载，"将洼田挖深取泥，覆四周为基，中凹下为塘，基六塘四。基种桑，塘蓄鱼，桑叶饲蚕，桑矢饲鱼，两利俱全，十倍禾稼。"这是我国古代人民在长期生产实践中的伟大创造，在占有较少自然资源的情况下获得较大的收益，可视为最早的自然循环有机生产模式。

（二）中国古代生态思想资源的主要内容

中国古代经过长期的历史积淀，形成了丰富多彩、璀璨厚重的中华文化。在这些文化中，生态思想是其中重要的组成部分，它散落于各种流派和学说之中，成为规范人们生产生活行为的重要思想。本章主要概要性地探讨系统性较强、流传较广、影响较大的儒家生态伦理思想、道家生态伦理思想以及佛家生态伦理思想，以把握中国古代生态伦理思想的精髓。

1. 儒家生态伦理思想

儒家生态伦理思想的核心在于主张天地、万物、人的统一，宇宙与人的有机统一，凸显和强调了人类在维护和促进宇宙万物生命和谐中所发挥的重要责任。这些理念无疑可以为今天的生态文明建设提供宝贵的思想资源，我们可以从中得到许多深刻的启迪。这些理念主要体现在天人合一、时禁、中庸之道三个方面。

第一，"天人合一"的生态伦理精神。秦汉时期的儒家思想中，天人合一思想的集大成作品见于《易经》和《礼记·中庸》。"天人合一"是中国哲学的基本问题和最高智慧。《易经》中讲"夫大人者，与天地合其德，与日月合其明，与四时合其序，与鬼神合其吉凶，先天而天弗违，后天而奉天时，天且弗违，况于人乎，况于神乎！"指人一出生就是依附于天地、自然界的，人必须按照固有的规律去行事，而不能违背自然规律，也不能对世间万物作出改变。从一定程度上来说，《易经》这一生态智慧是重建人与自然和谐相处的重要思想资源。《礼记·中庸》提出"能赞天地之化育，则可以与天地参矣。"这一思想较之《易经》有其进步，在先秦历史上可谓意义重大，它改变了人们此前消极地认为人只能被动"顺天地之常"的想法，因为在这之前，人们认为天地有常，人力有限，人不可能对天地万物作出改变，特别是碰到天灾之时，人只能被动地接受。

宋代的儒家思想家将天人合一精神继续发展，在其基础上发展成为一套精致、全面的宇宙哲学和人生哲学系统。邵雍（1011—1077）认为圣人之所以是圣人，是因为将人推到了极致，这种极致并不是与天地自然对立，而是与之融洽，不是"任我"由我宰制万物，而是以物观物，顺应物之性，顺应自然界的规律性。周敦颐（1017—1073）将圣人的道归结为以天地的规律作为为人处世的原则和方法，"天以阳生万物，以阴成万物，生，仁也；成，义也。故圣人在上，以仁育万物，以义正万民。"张载（1020—1077）在《正蒙·乾称》中则提到"儒者则因明致诚，因诚致明，故天人合一，致学而可以成圣，得天而未始遗人。"这里的"天人合一"是一种精神境界，强调以人合天，认为人能在自然中发挥其主观能动性，但人又不可能完全凌驾于自然万物之上。宋代的朱熹认为"仁者以天地万物为一体""惟有由于天地以生物为心之理，始能生爱""天地之道是生之道"等，集中体现了儒家的仁爱关怀对象是世上所有的天地人万物，促进和维护其中每一个都能各得其所、各尽其长就是"莫非己"不容辞的道德责任。

总的来说，儒家所谓的"天人合一"其实就是指人与天相互作用、和谐共处。"天人合一"里的"天"，就是指作为人类生产和生活环境的自然界，是人类生存栖息、繁衍发展的家园；"天人合一"里的"人"，则是指作为实践和发展的人，是生产生活在大自然家园里的最主要角色，人同其他动物一样，是自然秩序中的一个存在，所有的存在相互依存而成为一个整体，息息相通。

第二，"时禁"的生态行为规范。"时禁"是儒家的生态行为规范，指的是在一定的条件下（时间、地域范围内）对人索取自然界资源的限制。这种时禁不是普遍地禁止或者绝对反对人们捕杀动物或者砍伐森林，不是限制人们从自然界中获取资源，而是规定人们在一定的时间地域下可以做某些事，在一定的时间地域下不可以做某些事，以此节制人们无休止的欲望。据《礼记·月令》记载："孟春之月：禁止伐木，毋履巢，毋杀孩虫胎夭飞鸟""仲春之月：毋竭川泽，毋漉陂池，毋焚山林""季春之月：是月也，生气方盛，阳气发泄，句者毕出，萌者尽达，不可以内""孟夏之月：是月也，继长增高，毋有坏堕，毋起土功，毋发大众，毋伐大树"。从中可以看出，时禁是要求人们按照大自然的规律、世间万物的运行规律办事，是对人们行为的某种限制。这种限制主要包括以下几点：对于限制的主体，时禁不仅限制普通百姓，也限制以君主为代表的统治阶级，限制统治者不要违背自然界的规律，否则会有地震、干旱、洪涝等"天灾"发生，以此对君主提出警告；对于限制的方式和范围，时禁主要体现为一些禁令，是人对自然采取的消极措施，不包括人对自然采取的积极主动措施，而且时禁的范围和程度比较小，不是全面的禁止，主要是指在春夏生长季节和动植物幼小时的禁令；对于时禁的对象，这些禁令的对象（或者说保护的对象）不仅包括动物、植物，也包括非生命的木石、山川。当然，有生命的东西被置于无生命的东西之前，能够活动的生命又被置于不能活动的生命之前。这样，儒家通过时禁作为对人获取自然界资源调节的一种方式，成为儒家重要的生态行为规范。

第三，中庸之道的生态实践观。孔子主张中庸之道，提倡忠恕之道、挈矩之道，即讲要设身处地，将对象与自己置于一个平等的地位，和平地生存、交流与合作。这样一种观念自然不仅影响到古代中国人对人的态度，也影响到了人对待其他动物、其他生命的态度。

在儒家思想中，中庸是宇宙之根本性质，是天地之间的道义和根源。《礼记·中庸》有言："中也者，天下之大本也；和也者，天下之达道也。致中庸，天地位焉，万物育焉。"这种中庸是世间万物的规律性。孔子提出要按照天地万物的规律办事，这是儒家的生态伦理实践的准则。儒家将天地万物归为一体，追求"且怒于人，顺乎天，天人之道兼举，此谓执其中"。总之，中庸之道是儒家对待世间万物的准则。与之相对应，儒家在处理人类社会伦理关系时讲求"中和"之道，就是不同的方向而正相成，不同的东西而可相济。追求人与他人、人与自然界之间的平衡、互补，以达到个人、自然界和人类社会和谐有序的境界，有利于生态自然系统的有序运行和万物的生长。正是在中庸之道的指导下，儒家始终秉持人与自然界的相对和谐，作为对人与人之间社会伦理关系的补充，实现了儒家对于个人内在修养、人与自然界和人类社会之间的和谐相处，成就了儒家"仁""中和"等核心价值理念，这也是该价值理念的重要组成部分。

2. 道家生态伦理思想

道家作为中国古代重要的学术流派，为生态思想提供了独特的精神境界和思维方式。与其他学术流派相比，以庄子为代表的道家的生态伦理思想更加注重个人化、精英化，更加亲近自然，更加注重体验自然生命。道家的生态伦理思想主要包含道法自然的生态自然观、万物平等的生态伦理观以及体验自然生命的生态价值观。

第一，道法自然的生态自然观。老子认为，世间万物的本源是"道"，这个"道"是宇宙万物的本体，是为感官所不能接触的实在。它是宇宙万物万事所共同具有的一切物质和观念的存在。《道德经》中论述：人法地，地法天，天法道，道法自然。这个"道"最基本的法则是"道法自然"。"自然"是与"人为"相对的，指的是自然而为，不经意地去做，郭象和向秀在《庄子注》解释"自然"说："天地以万物为体，而万物必以自然为正。自然者，不为而自然也。"[1]

由道法自然引申而出，道、天、地和人都必须遵守一个共同的规律，这个规律就是"自然"，即它们的生成、发展都是顺其自然的，禁止人为的胡乱干预，因为这些行为都是违背自然天性的。这样，老子认为道、天、地和人都是宇宙世界的一部分，是一个互相联系的整体，都需要遵守

---

[1]　任俊华、刘晓华：《环境伦理的文化阐释——中国古代生态智慧探考》，湖南师范大学出版社 2004 年版，第 218 页。

世间的客观规律——"自然"，它们彼此之间是平等的。这就确立了道家关于宇宙以及世间万物关系的根本看法，为处理人与自然关系奠定了基本原则。

第二，万物平等的生态伦理观。道家的中心概念是"道"。此"道"首先是"天道"，然后才是"人道"。天人之道可以合一，但不是天依人道，而是人依天道。最高的人格理想是不离于天道之全体的"天人""神人""至人"，然后才是"圣人""君子"，最高的社会理想也是顺应自然的人间秩序。在道家看来，"至人"的理想人格指的是，人固然不能没有物质的供养，但是不可占有和主宰物，"至人"要"公天下之身""公天下之物"，这种"公正"不仅是人间社会的公正，而且是种际公正、是包括人在内的整个自然界的公正。

在儒家那里，已经有一种在基本的生存权利和发展机会上的"人格平等"观念，而在道家那里，则还有一种推而广之，使平等的观念扩及所有动物、所有生命乃至所有事物的"物格平等"观念。在道家看来，包括人在内的世间万物都是平等的，无所谓贵贱。人不再仅仅从"人道"的角度观察自然，而是从"天道"的角度看待世界。

第三，体验自然生命的生态价值观。道家反对凡事以人类为中心，对于人的生存状态提出一种不同于其他流派的生活方式。这种生活方式简要地说，就是把自己视为自然万物中的平等一员，不以主宰者自命，不以优越者自居，不致力于榨取自然，而是恬淡无为，淡泊宁静，恰如其分地认识自己在自然界的地位，重视精神而非物质的生活，在根基处体验生命的真实意义。老子《道德经》中说：含德之厚，比于赤子。毒虫不螫，猛兽不据，攫鸟不搏。骨弱筋柔而握固，未知牝牡之合而朘作，精之至也。终日号而不嗄，和之至也。所以道家追求的人生理想是在恬淡寂寞中去体会生命真味的境界，这样一种精神上的追求和向往，也就足以对向往者的行为和生活方式产生某种影响或引起某种改变，其结果必然促使人们与自然和谐相处，以体验真实生命的真味。

3. 佛家生态伦理思想

佛教作为中国古代延续最久、影响力最大的宗教，以其理念与实践对人们的观念和行为产生了重要影响。佛教有诸多生态环境的思想观念，成为中国古代生态思想资源的重要组成部分。

第一，缘起统一的生态自然观。中国佛教生态伦理观的核心就是缘起论，认为宇宙中没有不变的实体，条件是在不断变化的，事物也是在不断变化的。正如《金刚金·第三十品一合理相分》所说，"若世界实有者，即是一合相。""一合相"，即是一个和聚集而成的相（现象界）。所以，在佛教中现象存在也就是缘起，是世界万物和条件组合成的。佛教认为，缘起的观点是把人的一生和万物间的所有征象都看作是因缘而和成，换句话说，世间万事万物都是互相依赖产生和存在的，彼此之间的存在互为条件，虽然万事万物都在不断地运动和发展，但其中有一个共同的规律，这就是事物的本来面目。基于此，佛教认为世界上任何事物都是有可能发生的，一个人、一件事总是受到其他因素的影响，所有的事情都是在相互依赖、相互影响中存在的，所以做事情时不能总想着自己，这就是佛家所说的万事无常无我。它追求对立之间的统一，追求所有事物之上的整体性和统一性，由缘起引发出对整体和统一的观点。这种统一观包含了生态自然观，是从统一中来看待自然的。

这种生态自然观认为，在自然界中，所有事物都存在一种相互包容、相互渗透的关系。世界是一个因缘和合的聚合体，这个聚合体是依靠与他人、其他事物互相存在和发展的，万事万物共同组成我们面临的这个世界，是由各种不同的关系相互交织组成的。因此，佛家讲求世间众生平等，人应该平等地对待世间的其他各种生命。佛家这种缘起统一的生态自然观，是佛教对于人与自然关系的最基本的哲学思考，是对现象世界整体性的反映，体现了佛教对于宇宙万事万物统一性的认识。

第二，众生平等的生态伦理观。众生平等的观念是佛教最基本的伦理观。这种伦理观不仅是关于人与人之间关系的思考，更是对人与自然界其他生命的看法。佛教认为，世间万物的本来面目就是缘起，一切事物都是在不断变化，因为缘起而产生，因为缘灭而消散，因此应该放下对生命和事物的执念，以无我的胸怀去面对现实存在的大千世界，树立宇宙统一的观念。基于此种观念，佛教认为人是自然的一部分，人与自然、人与其他生命都是平等的存在，人要尊重自然以及其他生命，以平等的心态对待自然和各种对象。同时，佛教的各个流派都认为，世界上所有事物都有佛教的特性。佛与众生，都是平等的。而且，不但有情的众生具有佛性，同时低级无情的动植物也有佛性，所谓"青青翠竹，尽是法身；郁郁黄花，无非般若。"佛教认为，自然界中除了人类以外，其他动植物都是有生命乐趣的，都是有佛性的，既然佛与众生平等，那么人与其他生命也就是平等的。这种观点已经超越了人类中心主义，体现了佛教对人世间一切事物都具有其独特内在价值的认同。因此，佛家讲求人们以平等的心态去对待其他生命和事物，这里当然包含人类生存的生态环境，包含大地、空气、岩石、河流、海洋等，尊重每件事物具有的佛性、具有的独特内在价值。

第三，戒杀、放生、素食的生态实践观。佛教之所以能够流传数千年之久，不仅因为其深邃的思想，而且因为拥有诸多对应佛教教义的清规戒律，在实践上引导人们信仰佛教，实现对佛教理念的践行。其中，戒杀、放生以及素食是比较典型的有关生态思想的实践准则。佛家所推崇的佛祖是世人完美人格的体现，佛祖有诸多完美的品格，其中以"慈悲为怀"为重，慈悲是从实相智慧中生发的理智化的情感，是驱动世人上求佛道下化众生的巨大动力源，是成就佛果之母。因此培养世人的慈悲心就成为佛家倡导世人学习修行的主要目的。如何能够造就一颗慈悲心呢？首先要做到戒杀。无论是面对与自己同胞的人类，还是其他有生命的动物，佛家认为杀生会导致罪业，无论今生还是来世都会遭到报应，因此要禁止屠杀人以及其他有生命的动物。其次要践行放生。戒杀是消极地对待生命，放生是积极地保护生命，这样会积攒下福泽，因此有"救人一命胜造七级浮屠"的佛家箴言。佛家倡导在不杀生的同时，要积极放生。在此影响下，中国历朝历代的封建君主为了庆祝或者祈祷上天的恩赐，经常会"大赦天下"，以祈求获得上天对此行为的积极回应——获得福报。最后是力主素食。佛家认为素食是戒杀放生的终点，也是培养慈悲心的最佳途径，如果人们都吃素食，就会大大减少对肉食动物的需求，就会大大减少杀戮。与此同时，素食能够消除因杀生带来的戾气，培养自己宁静的心态，获得心灵的清净，有助于塑造高尚的品格。戒杀、放生、素食的形式，体现出佛家同体大悲的襟怀。增长慈悲心，使慈悲心弥散，即能导致身心祥和，仁恕爱物，国泰民安，生态协调，环境清美。佛家的戒杀放生素食的理念与实践，数千年来为地球人类带来无量的福祉，对现代生态环境病症的诊治，也是一种良药。

从上述的分析中可以看出，尽管儒、道、佛三家的生态思想产生于古代，但是具有强烈的时代价值，是我们建设社会主义生态文明的重要思想来源，是生态文明意识培育的重要思想来源。这对于在全社会树立人类与自然和谐相处的整体意识，增强生态文明意识具有重要的现实意义。当然，由于时代条件的限制，传统的生态伦理观在理论上必然存在着各种局限性。中国传统生态伦理观产生于农业文明时代，因而适合于自然经济条件下人类必须顺应自然生态环境变化的历史状况。它所关切的环境问题，基本上是滥伐森林、过度捕杀动物、水土流失、土地肥力退化等传统形式的、局部的、浅层次的生态破坏问题，而由于没有经历近代以来在市场经济条件下工业文明对自然界的全面开发和破坏产生的各种严重的环境污染问题，因而在论域上、认识上有其局限性。在新的历史条件下，我们必须以马克思主义理论为指导，以批判继承的态度对待中国传统生态伦理思想，坚持创造性转化、创新性发展的原则，加以新的阐释，赋予其新的时代内涵。

二、西方传统生态思想资源

关于生态环境的思想观点，不仅存在于中国古代文化中，而且出现在西方文化中，构成西方文化的一个重要组成部分。由于西方生态思想涉及的流派、人物、观点非常复杂，因而不可能予以全面的总结与概括，这里主要选取近代西方比较有代表性的一些思想家的生态思想、西方文学艺术中所蕴含的生态思想、基督教及其文化和实践中包含的生态伦理思想作为考察对象，来介绍其有关生态的思想观点，通过对这些对象的考察，对西方生态思想有一个大致的了解和把握。

（一）西方传统生态伦理的精神先驱

18、19 世纪以来，随着科学技术的不断发展，人们对自然界也逐渐有了新的认识，开始重新思考人与自然的关系。很多思想家从各自的学科领域进行了相应的探索，其中比较引人注目的是从有机论和整体论的哲学方法所进行的探讨。这些探讨不同于将自然视为僵死的、惰性的观点，而是把人与自然看作是一个相互统一的有机整体，从而提出了相应的观点。如梭罗、缪尔和史怀泽就是这些观点的主要代表人物。由于他们在阐述人与自然关系时，多从神学或哲学观念出发，较少像后来生态伦理学那样加以论证，所以我们把他们称为生态伦理学的精神先驱。这些人的观点对近现代生态伦理思想产生了重要影响，因而对环境伦理学有较大促进作用。

1. 梭罗的生态思想

大卫·亨利·梭罗（Henry David Thoreau，1817—1862）是美国历史

上一位重要的文学家和思想家。他生活于 19 世纪，在其著述中对自然的热爱、对自然和谐关系的洞察、对自然的精神意义和审美意义的强调，以及对当时所流行的物质主义和资本主义经济的批判，都为生态伦理提供了独特的灵感和启发，因而梭罗可以说是美国文学史上一位重要的自然阐释作家。

梭罗的观点主要体现在他的超验主义。梭罗认为，世界（包括灵魂和自然）是精神性的普遍存在（上帝）的流溢，是对最高的普遍存在的反映，因而都是精神性的。人要认识上帝，需要最大限度地向精神世界开放自我，打开心灵的窗口，和上帝交流。在与上帝交流的过程中，自然起着重要的中介作用。梭罗深受超验主义影响，认为自然不属于人，而人却属于自然，人的身体是自然界的一部分。他以人的骨骼、肌肉等身体部位论证了这一观点，表达了生态中心论的思想。梭罗认为，自然是人与上帝交流的中介，自然能增进人的道德，因为自然的简朴、纯洁和美是衡量我们的道德自然的参照点。梭罗说，"湖是风景中最美、最有表情的姿容。它是大地的眼睛；望着它的人可以测出他自己的天性的深浅。"① 梭罗还把自然看成是医治道德罪恶的灵丹妙药，因为道德的恶是在社会中滋生出来的，所以需要自然来解毒，正如印第安人把中毒的羊埋在泥里，让自然或泥土把毒气从羊身上拔出来一样，"生病了的话，医生要明智地告诉你转移个地方，换换空气，谢天谢地，世界并不限于这里。"②

据此，梭罗对人类破坏生态环境的行为进行谴责。他主要不是从道德方面来谴责，而重点关注的是个人的精神独立，认为个人不应受社会的侵扰，而自然是个人保持精神独立性的避难所，是个人灵性生命的源泉。因

---

① ［美］梭罗：《瓦尔登湖》，徐迟译，上海译文出版社 2006 年版，第 165 页。
② ［美］梭罗：《瓦尔登湖》，徐迟译，上海译文出版社 2006 年版，第 280 页。

此，梭罗将破坏自然环境的行为等同于社会对个人精神的扼杀，主要批判的是商业主义和物质主义对人美感、诗意的破坏。梭罗在《论自然》《瓦尔登湖》等作品中，表达了其生态中心论思想，强调自然对于个体精神的重要性，对商业主义和社会主义的社会现象进行了深刻批判。他的思想成为了今天环境生态伦理学的重要精神资源。

2.缪尔的生态思想和实践

约翰·缪尔（John Muir，1838—1914），是美国著名的环境保护思想家。缪尔生活在 19 世纪，当时随着工业革命在美国的发生，人们尽情向大自然索取资源，虽然当时还没有出现像现在如此频繁和严重的生态问题，但缪尔坚决主张保护环境，并以自己的实践行动来促进美国生态环境的保护。

首先在关于环境保护的认识上，缪尔认为，大自然是那个人类属于其中的、由上帝创造的共同体的一部分，不仅动物，而且植物，甚至石头和水都是"圣灵的显现"。他认为人类以外的动植物都是由上帝创造出来的，人们应该平等地对待它们，不能因为现实的物质利益而肆意掠取自然资源。当时，世界尚未出现如今的生态危机，人们对自然资源的索取和对自然生态环境的破坏尚未超出自然环境承受的程度，缪尔却提出保护环境的思想，显然不是今天对于自然环境补偿的思想，不是对于自然环境亡羊补牢的肤浅思想，而是具有预见性的思想。

其次在关于环境保护的实践行动上，缪尔也做了很多努力并取得了较大成效。1871 年，在他的大力呼吁和设计下，巨杉国家公园和约塞米蒂公园相继建立。此后，他又亲自参与了雷尼尔山、石化林、大峡谷等国家公园的建设。1892 年，缪尔和他的支持者创建了美国最早、影响最大的自然保护组织——塞拉俱乐部。1897 年，克利夫兰总统宣布对国家森林不能进行商业性开发，但国会从商业利益出发推迟了实施。缪尔在这年的6 月和 8 月，相继在杂志上发表了两篇极有说服力的文章，促使公众和国会的舆论赞同了这项措施的及时实施。1901 年，他出版了《我们的国家公园》一书。1903 年的春天，罗斯福总统邀请缪尔陪他到约塞米蒂地区进行一次野营旅行。短短 4 天的旅行，使他们建立了一种特殊的友谊，离开缪尔和约塞米蒂以后，罗斯福立即宣布把保护塞拉森林的面积，一直延伸到沙斯塔山。此后，罗斯福在美国大力推进环境保护事业，使美国的自然保护事业跨进了一个新的阶段。到 20 世纪初，通过缪尔和罗斯福总统的努力，美国已建立 53 个野生动物保护区，16 个国家级纪念保护林以及 5 个国家公园。

3. 史怀泽的生态思想

阿尔贝特·史怀泽（Albert Schweitzer，1875—1965）是环境伦理学的创始人之一，他以其自身的理念和实践活动对环境伦理学作出了重要贡献。"敬畏生命"是史怀泽生态伦理思想的核心要义，是史怀泽对传统伦理学的发展，也是史怀泽生态思想的基本理念。

在定义伦理学的问题上，史怀泽认为，"到目前为止，所有伦理学的一大缺陷，就是它们认为只须处理人与人的关系。然而，伦理学所要解决的真正问题却是人对世界及他们遇到的所有生命的态度问题。"① 传统的伦理学认为伦理只是处理人与人之间的关系，而史怀泽认为伦理不但应该解决人与人之间的关系，还要解决人与人以外所有生命的关系，这样就把伦理学的范畴从狭隘的人类扩展到所有生命范围。史怀泽认为，每一个生命都是有意义和价值的，而且生命之间都是有联系的、休戚相关的，人与人之间的伦理只是人与所有生命之间伦理的一部分，只涉及人与人之间的伦理是不完整的，应该将伦理的范围扩展到一切生命。这是史怀泽对传统伦理学范畴的发展，也是其环境伦理的出发点。

在"敬畏生命"的问题上，史怀泽提出"善的本质是保持生命、促进

---

① ［法］史怀泽：《敬畏生命》，陈泽环译，上海社会科学院出版社 1996 年版，第 9 页。

生命，使可发展的生命实现其最高的价值；恶的本质是毁灭生命、伤害生命，阻碍生命的发展。"① 敬畏的基本含义是敬重和畏惧，它包含着人对某种伟大而神秘的力量所产生的那种崇敬和谦卑感。敬畏生命的基本伦理要求是：像敬畏自己的生命意志那样敬畏所有的生命意志，满怀同情地对待生存于自己之外的所有生命意志。针对人在现实中不可避免伤害生命的情况，史怀泽认为，只有在为了保全其他生命不得已的情况下，人们才能伤害或者牺牲某些生命，而且要带着良知意识和责任感作出这种选择。只有这种责任感，才能使人们避免随心所欲地伤害其他生命，从而保持对生命的敬畏之情，过上真正有伦理意识的生活。

关于"敬畏生命伦理如何获得人们的信任"这一问题，史怀泽分析了敬畏生命理念不能获得人们信任的原因。他指出，敬畏生命的前提条件是对其他生命富有同情心，对别人的痛苦加以体验，感同身受，这在一些人看来对其他生命的同情将使自己"不能无拘束地享受快乐，因为那里有他共同体验的痛苦"。这是"敬畏生命"理念不能获得人们认可的重要原因。由此出发，史怀泽认为，"敬畏生命"最主要的前提是使人们对其他生命的快乐和痛苦感同身受，对其他生命进行敏锐的体验，与它们同甘共苦，将其作为一种内在的道德规范。只有这样，才能把自己与世界的自然关系提升为一种有教养的精神关系，使自己感到对一切生命富有无限责任的伦理，从而赋予自己的存在以意义。因此，敬畏生命的伦理，成就的主要是一种内在的德性和完美的人格。敬畏生命的伦理承诺的是一种无限的责任和义务，它和爱一样，是"不能规则化的，它以绝对的方式命令"。

史怀泽"敬畏生命"思想发展了环境伦理学的内涵和要求，但是他那

---

① ［法］史怀泽：《敬畏生命》，陈泽环译，上海社会科学院出版社 1996 年版，第 91—92 页。

种散文式的诉诸情感和直觉的写作方法又往往使他的理论显得过于浪漫和天真。今天看来，史怀泽"敬畏生命"思想对于环境伦理还是有其重要意义的，因而成为西方生态伦理学的先驱之一。

（二）西方近代哲学家的生态思想

1. 孟德斯鸠：环境决定论

18 世纪法国启蒙思想家孟德斯鸠在《论法的精神》主张，"气候的威力是世界上最高威力"，提出应根据气候修改法律，以便使它适合气候所造成的人们的性格。在论述"法与气候的性质"时，孟德斯鸠将气候类型分为三种：炎热、温暖和寒冷。由于气候性质不同，不同地区的人们性格各异。按照孟德斯鸠的观点，气候差异会导致人们的精神气质千差万别，而法律又与这些精神气质的差别具有某种联系；虽然自然法引导人们归顺造物主，但在气候不同的地区，立法原则和宗旨是不一样的。因此，在《论法的精神》一书中，孟德斯鸠以客观的地理环境因素为依托，用理性主义的方法分析现实的法律，体现了一定的现实主义精神。事实上，在公元前 500 年的古希腊，历史学家希罗多德就在其著作《历史》中，分析了地理环境对人们外表、风俗和制度的影响。到了近代，启蒙思想家们从各个角度入手驳斥神学观念，以打破上帝法的垄断，孟德斯鸠的自然地理学说也通过自己的方式为自然法进行解释，希望能够打破神学的枷锁。在肯定环境作用的同时，孟德斯鸠也充分肯定了物质、经济对社会的重要决定作用。

2. 康德：人为自然立法

康德是 18 世纪末到 19 世纪上半叶德国古典哲学的代表人物。康德在对空间和时间、物质和运动、变化和发展的哲学思考中，蕴含着大量的辩证法思想，刻画了一幅关于宇宙结构与发展的宏观图景。在人与自然的关系中，康德在《未来形而上学导论》中明确地说："自然界的最高立法必然是在我们心中，即在我们的理智中。"① 也就是"人为自然界立法"。康德的自然观把人本主义的精神放大了，通过以自我意识为核心的认识论，达到了以人为中心的世界观。从培根提出的"向自然界学习"到康德的"人为自然界立法"，可谓是根本性的转变，康德重新确定了人在自然界中的中心地位。

3. 黑格尔：自然界是自我异化的精神

黑格尔是德国古典哲学的集大成者。在对自然的认识上，他明确指出"自然界是自我异化的精神"②。黑格尔认为，自然界作为精神的衍化物，其本身就是一个整体。"自然界自在地是一个活生生的整体"。③ 自然界是绝对精神必然要经历的领域，不经过自然界的发展过程，绝对精神就没有外在的丰富多彩的形态，就不能最终成为真正自由的精神。自然界是一个活生生的系统，经历了由低级到高级的辩证发展。对于人与自然的关系，他认为二者是统一的，其统一是依靠实践来实现的。人通过实践的活动来达到自为自己（认识自己），因为人有一种冲动，要在直接呈现于他面前的外在事物之中实现他自己，而且就在这实践过程中认识他自己。人通过改变外在事物来达到这个目的，在这些外在事物上面刻下他自己内心生活的烙印。人之所以这样做，目的在于要以自由人的身份，去消除外在世界的那种顽强的疏远性。

（三）西方文学艺术中的生态思想

"回归自然"，作为一个响亮的口号，是法国 18 世纪的启蒙思想家、文学家卢梭提出来的。当时正值工业革命时期，人们大肆向自然界掠取

---

① 转引自北京大学哲学系外国哲学史教研室：《西方哲学原著选读》（下卷），商务印书馆 1982 年版，第 286 页。

② ［德］黑格尔：《自然哲学》，梁志学、薛华等译，商务印书馆 1980 年版，第 21 页。

③ ［德］黑格尔：《自然哲学》，梁志学、薛华等译，商务印书馆 1980 年版，第 34 页。

自然资源、破坏自然生态环境，罔顾人类给自然造成的伤害，"回归自然"正是针对当时这些行为提出来的。它在文艺界、思想界带来了一股清新之风。一时间，"自然"成为文学艺术家热衷谈论的话题，在他们的作品中描写"自然"蔚然成风，随处充满了发现自然、重新肯定自然的欣悦和新鲜感，这正是由被称之为"浪漫主义运动"所代表和所取得的重要成果，它掀开了西方人重新认识自然的新的一页。"自然"由此正式进入了人们的视野，成为文学艺术作品关注的重点，并被认为是从事创作的灵感来源。

浪漫主义文艺运动于18世纪后期到19世纪中期席卷欧洲，在文学、音乐、绘画方面都取得了令人瞩目的成就，其精神内核最早出现在文学尤其是诗歌中。同样是浪漫主义，不同的民族有不同的表现，如英国、德国、法国的浪漫主义就大为不同。而且，因为浪漫主义精神本身推崇个性，因而不同的诗人、艺术家风格迥异，他们笔下的自然呈现出多种面貌。在这里，我们主要从英国浪漫派、德国浪漫派和法国浪漫派笔下的"自然"来感受西方文学艺术中的生态思想。

1. 英国浪漫派笔下的"自然"

华兹华斯（1770—1850）是一个很有影响的诗人，他擅长赋予那些最普通、最常见的情景以不寻常的、全新的色彩，以此唤醒人们对自然的敏感，去留心平淡外表下未曾发现的新奇的美。同时代的很多诗人总是在自然中寻求超自然的诗意，而他总是歌唱、描写自然中随处可见的生命，如"云雀""夜莺""水鸟""画眉"，吟咏"紫杉树""荆树""岩石上的樱草""小支流"以及"从山后吹来的一阵大风"等，在华兹华斯的笔下，这些事物或景色由于刚刚被发现而拥有了一种流光溢彩的美。在这首名为《作于一个出奇壮观而美丽的傍晚》的诗中他写道：

　　　　一切都毫无声响，只一片深沉而庄严的和谐一致散布于山崖之中的谷间，弥漫林间的空地遥远的景象移到了眼前，这是因为那射来的光线有着魔力，它能把照到的一切染上宝石般的色泽！在我敏锐清晰的眼光里，牛群漫步在这边山坡上，一架架鹿角在那里闪光，羊群穿着镀金的衣！这是你紫薇黄昏的静谧时分！（黄杲译）

在这些对自然美景的描述中，华兹华斯不仅将自己的情感投身在自然美景中，而且对自然美景赋予了一种深深的感激之情。在华兹华斯的自然山水诗中，主体与自然客体的关系是一种确证与被确证的关系，主体在社会客体面前遭受挫折，于是转向自然，融入自然之中。既然主体在社会客体面前不能释放，那就只能在自然客体中获得张扬；一旦主体得到张扬，其余社会客体的冲突也就随之消解，因在社会中的冲突而产生的精神危机、灵魂的失衡也会得到解脱和恢复。这就使主体与自然客体之间达成一种特殊的和谐。

相比较而言，柯勒律支和雪莱则属于另外一类诗人。在面对自然景色时，他们更倾向于越过表面的现实深入到其内在的精神中去，通过一种灵性的眼睛而非肉眼看到自然的超验的一面。在他们的眼中，能够直观到的自然事物正是通往看不见的灵性世界的一个入口，是从灵性的世界中升起的。雪莱写诗的灵感不是来源于宁静的山野风光，而是来自于宏伟和遥远的事物，来自大自然奇异和庞大的力量：海洋、森林、天体、流星、云或强劲的风。他认为，我们所在的世界以及宇宙之外的世界，是遍布许多闪亮的精灵，总是在不变的运动，富有变化。因此，他的诗也被称为"气象诗""宇宙诗"。比如，他借助于"云"的自由和飞舞流动的气势写道：

从地角到地角，仿佛宏伟的长桥，跨越海的汹涌波涛，我高悬空中，似不透阳光的屋顶，巍峨的柱石是崇山峻岭。我挟带着冰雪、飓风、炽热的焰火，穿越过壮丽的凯旋门拱，这时，大气的威力挽曳着

我的车座，门拱是气象万千的彩虹。（江枫译）

总的来说，英国浪漫派将"回归自然"作为一个文艺创作的口号和原则，在文学艺术创作中将目光投注到自然之中，一方面回归恬静的田园风光，另一方面又关注大自然奇异和庞大的力量，实现了文学艺术作品对自然的关切和挖掘。

2. 德国浪漫派笔下的"自然"

歌德（1749—1832）对自然的描写为德国浪漫派运动开启了关注自然、描写自然的风气。在那本风靡欧洲的《少年维特的烦恼》中，我们不难发现，小说中的维特在自然面前表现出了一个艺术家特有的、对美发现与捕捉的敏感。相较于对自然宏观之景的刻画，他更关注大自然中"扰攘的小小世界"。他喜欢"卧在飞泉侧畔的茂草里，紧贴地面观察那千百种小草"，"感受叶茎间""数不尽也说不清的形形色色的小虫子、小蛾子"。他以平等的生命观，珍视自然里每一个渺小生命的鲜活与美好。《少年维特的烦恼》中有大量的自然描写，完全地呈现了歌德的自然观。在情感方面，歌德对自然有一种浪漫崇拜；在人与自然的关系方面，歌德倡导带入自然。对自然的推崇，影响了他的艺术观和政治观。

谢林（1775—1854）的自然学说也为德国浪漫派与自然的关系提供了哲学论证。谢林认为，自然和人类的意识一样，都是"绝对精神"的体现。自然是看得见的精神，精神是看不见的自然。这给德国浪漫派以极大的鼓舞，他们在文学艺术作品中总是用想象力把自然当作一个布满了精灵、妖怪、巫婆及巫术盛行的地方。霍夫曼作为其中的重要代表，写过不少"志异小说"，如一个叫安泽穆的大学生看到头顶上的树叶中盘旋着三条泛着金光的小蛇，于是内心受到触动，听到了树枝、清风和太阳的光辉和他说话，接着在这条小蛇的引导下进入了一个奇异的世界，小蛇原来是魔术师的女儿，最后和大学生结为伉俪。这样一个美丽而光怪陆离的故事，在想象力方面染上了许多民间色彩。蒂克在他那部未完成的长篇小说《法郎茨·斯特恩巴尔特》中，叙述了一位 16 世纪的青年画家漫游意大利的经历，其中对自然的描写是令人难忘的，该画家在月光下的心情用自然风景来表示：

> 树林后面像震颤的火焰，山岭上照耀着一片金黄，绿色灌木将闪闪发光的头颅诚挚地垂在一起沙沙作响。
>
> 波浪啊，你可为团圆明月的亲切脸庞给我们涌现出一个映像？树枝看到它，欢快地摇动着，将枝桠伸向了魔光。
>
> 精灵开始跳跃在波浪上，夜花叮叮当当地开放，夜莺在浓密的树林中醒来，诗意地谈述着她的梦想，声调像耀眼的光线向下流着，在山坡上发出了回响。（刘半九译）

在这里，作者用火焰、夜莺等事物和景色，表明了该主人公的心情，作者自创了一个直译为"森林间的孤寂"的词语，表明了自己对寂寞森林的心情，同时又似乎听到森林对自己的反馈。正是通过这种手法，德国浪漫派将人的情感与自然景色交融在了一起。

诺瓦利斯（1772—1801）是德国浪漫派的另一位重要人物，他的"蓝花"引领着人们追寻着世界的纯真和本原，成为整个浪漫派的象征。在他的小说《卢德琴》中，主人公海因里希在梦中预感到他的诗人生涯将带来的隐秘的幸福，并看到他所爱的对象以一朵罕见的蓝花的形象而出现。于是他出门寻求他的目标，而"蓝花"同时又拥有多个化身。"蓝花"仅仅是个象征，意味着一个孤独憔悴的心灵渴望得到的东西。心灵的无限向往在有限的事物"蓝花"身上得到了体现。诺瓦利斯作品中闪现的和谐整体思想，是他的自然哲学观和历史哲学观的精髓所在，是对宇宙万物之间应然关系的哲理思考，也是对人类历史和未来的阐释。对诺瓦利斯而言，诗不是纯粹表象和不受约束的游戏的世界，也不是一个脱离现实的对世界的虚幻的观照方式，它更多地被寄予一种神奇的魔力，由此能给凝结在物质世界中的精神以生命，从而恢复自然的原貌，实现精神与自然、真实与虚幻、人间与天国的和谐统一。而"爱"是实现这个和谐的关键力量，唯有通过"诗"和"爱"，才能使世人认识到统一与和谐的重要性。不仅人自身应当塑造成"完人"、人与自然要和谐地融入一体、人与上帝之间要重归统一，人类社会也要进入永久和平的"黄金时代"，整个世界便在人性与神性的和谐中完成了整体塑造。

3. 法国浪漫派笔下的"自然"

法国启蒙哲学家和文学家卢梭（1712—1778），不仅用文学来讨伐和谴责工业时代的科学与工艺，而且上升到哲学高度来反思和检讨资本主义社会的科学和艺术。在使他声誉鹊起的一篇论文《论科学和艺术的复兴是否有益于敦风化俗》中，他对 1749 年第戎科学院提出的"科学和艺术的创新与发展是否促进了社会道德的改善"的问题，作出断然否定的回答。在他看来，"随着科学和技术的完善，我们的灵魂受到了毁坏""科学和技术把它们的兴起归功于我们的堕落"。① 卢梭倡导"回归自然"，这是一个把他的批判精神同自然情感熔铸在一起的口号。在他看来，自然状态能够恢复人的本性，唤回人的德行，而理性状态却使人虚伪奸诈、残忍好恶。不过，他反复申明自然状态是为了说明事物的真实来源，为了对比现实社会和现实的人所作的"推理"和"猜测"，这种状态是"现在已不复存在，过去也许从来没有存在，将来也许永远不会存在的一种状态"。尽管如此，卢梭的"回归自然"口号还是触动了后来人的某种情感之弦，康德称赞他为"著名的卢梭"，叔本华称他为新时代最伟大的道德哲学家。由他点燃的浪漫主义之火从法国开始蔓延，18、19 世纪在英国、德国和美国达到

---

① ［德］汉斯·萨克塞：《生态哲学》，文韬、佩云译，东方出版社 1991 年版，第 111 页。

高潮。

在这种风气影响下，完全是巴黎人气质的斯达尔夫人（1766—1817）在小说《柯丽娜》中，也情不自禁地写起了意大利的风景，女主人公柯丽娜的性格和这个多火山地区绚丽的色彩是协调的：那不勒斯海湾的景色在靠近陆地的地方，海水呈深蓝色，而稍远一点，则像荷马说的是"酒的颜色"；那里的天空之所以特别明朗，是因为在更上方的蓝色下面，有着一层白色的亮光；在绿树覆盖的群山中，不时露出火山的洞口；而在离翻滚的熔岩向空中冒着浓烟不远的地方，就是茂盛的田野，一片片红色的罂粟花、大蓝花及齐腰深的浓密的杂草，就是把它们割掉，一夜之间它们又会重新生长出来。

雨果（1862—1910）也曾把他炽热的目光投向了异域的远方。他有一本诗集《东方集》，展现了一个既野蛮又美丽、既飘散着美妙的乐声又处处充满恶作剧的场所。在力图接近他的描述对象土耳其人的努力中，他甚至采用土耳其人的那些乱力怪神的想象，乃至韵律上也接近土耳其人音乐的旋律。与已往人们描述的东方不一样的是，他把恐怖、痛苦、丑恶也带了进来：火焰正旺的沙漠、北极的冰山、在夜间使船只沉没的海洋等。当然，最后他还是没有忘记说，所有这一切构成了苍茫宇宙中的一颗渺小的星。他发出的最有力的挑战是将"美"和"丑"并置起来加以对照：《巴黎圣母院》的女主人公是一位外表美丽而内心狂野的女性，而敲钟人加西莫多正好相反，内心温柔而外表丑陋，他的这个理论恰好是从千姿百态而又强烈对比的大自然中得到启发和支持："万物中的一切并非都是合乎人性的美，……丑就在美的旁边，畸形靠着优美，粗俗藏在崇高的后面，恶与善并存，黑暗与光明相共。"（柳鸣九译）

维尼（1797—1863）被称为法国浪漫主义四大诗人之一。他有一首诗叫作《狼之死》，时常被人们提起。该诗"写的是在一个乱云飞渡的月夜，月亮'火红火红'的，'我们'几个人在'参差高低的灌木丛'中穿行打猎。这一行人发现了一串留下不久的狼爪，说明一对大狼和两只小狼刚刚离开，于是他们找到了它们的窝穴。经过一阵野蛮的搏斗，那头公狼倒地身亡，但它明知必死无疑，神情却异常冷峻，'阖上一双大眼睛，到死都不哼一声。'此时诗中的叙述者陷入了'冥想'：要不要继续追逐母狼和小狼？它们肯定就在这附近不远，原本想等来公狼一起逃亡；而母狼始终守在一边，其原因是它要保护幼狼。在狼们的坚忍不屈面前，诗人感叹道：呜呼！人类枉有这样崇高的名字，我为人类的渺小感到无比的羞耻。"（李恒基译）

从整个西方文化、精神传统中生长出来的浪漫主义精神，具有自己鲜明的时代特色，它和中国古代传统文化中的浪漫主义具有迥然不同的风格。西方文学艺术作品中的"自然"是一个有其"自身意志"的存在，它有自己的根据、理由和内核，它是独立于人类的存在，这使得作者们在自然面前，感觉是在"直面"自然，探索自然内部的秘密，将一个未知的世界打开、敞开，使其从内部得到呈现。不管是英国浪漫主义者如华兹华斯面对自然发出的由衷的虔敬、赞美和感激，还是德国浪漫主义者在自然面前表现出来的浓郁的泛神论精神，以及法国浪漫主义者对遥远、陌异、奇特的自然的憧憬，都体现了这一点。

总之，西方生态思想是脱胎于西方文学、哲学和伦理学等学科的，体现了西方传统文学家、哲学家等对生态环境的思考，既具有较高的学术价值，也含有重要的现实意义。他们的思想对于近现代西方生态思想影响较大，以致成为当代生态思想的重要来源之一。

三、中西方生态思想资源的当代转换及其当代价值

面对当今时代日益突出的生态环境问题，吸收和借鉴中西方生态思想

的有益资源非常必要。但是，中西方生态思想资源不是可以现成利用的，需要加以现代转换和改造，以期成为现代生态思想的重要组成部分。

（一）中西方生态思想资源当代转换的必要性

中西方因其产生的历史条件、地理环境、文化传统不同，因而其生态思想也不尽相同。无论是中国传统的生态思想，还是西方的生态思想，都有诸多合理的观念和敏锐的智慧，但又需要具体看待，应当结合中国今天的发展现实，加以新的批判传承，以形成新的生态思想，为当下环保事业提供理论资源。

应当看到，中西方生态思想在理论基础、实践基础方面存在很大差异。从理论基础来看，西方生态思想的理论出发点要么是人，要么是自然，这就形成了人类中心论和生态中心论两种对立观点；中国生态伦理思想哲学基础是"天人合一"，天是万物之源，人是天地的产物，人与自然价值关系是伙伴、朋友关系。从实践基础来看，近代西方生态思想产生于工业文明时代，全球生态危机带来灾难性生态后果，促使其对人与自然的关系加以反思，从而形成相应的生态环境思想；中国古代生态思想是自给自足自然经济条件下农耕文明的产物，是在人类改造自然有限的"以自然而为"的生存本能智慧，所强调的人与自然和谐关系本质上是低层次的和谐，具有被动适应自然规律的性质，缺乏科学理性的说明。

由于时代条件的限制，中西方生态思想在理论上必然存在着各种局限性，因而不能直接应用于解决当下的环境问题，必须结合时代特征加以取舍和改造。

从中国传统生态思想来看，古代的"天人合一""中庸之道""讲求时禁"等思想虽然包含着许多重要的生态理念，但其带有明显的朴素、猜测性质，甚至也有其消极无为的特点。古代思想家在对待自然的态度上是合理的，但限于当时的经济发展程度和科学技术水平，还不能指出实现人与自然环境和谐相处的途径和手段。今天，我们是在新的历史条件下提出和处理人与自然的关系，面对的现实是，人类对环境的改造和对资源的开发利用正在空前广泛、深入地展开，人与自然的关系发展到了空前紧张的程度。现在重提中国传统的生态伦理思想，不是简单地回复到古代的思想，而是要使其适应今天发展的现实。

从西方生态思想资源来看，尽管西方生态思想发展至今，一套新的话语体系已见雏形，但其理论基础还没有得到稳固的确立，一些思想观点还缺少理论上的有力支撑。受机械论和二元论的巨大影响，很多生态哲学的研究者还执迷于在人与自然之间找到一个"中心"，由近代理性主义所主导的思维方式，总是在程度不同地影响着他们对人与自然关系的认识，进而难以作出切合实际的结论。而且，近代西方生态理论基本上回避现行资本主义制度与生态危机之间关系的探讨，对全球资本主义、狭隘民族主义没有给予充分的揭露和批判，对发展中国家的环境人权未给予足够重视。因此，他们的分析、判断很难全面准确地反映当代生态环境问题的真实面貌，对其生态思想不能无原则地采纳和吸收。

正是由于中西方传统生态思想资源存在局限，因而需要加以现代转换，使这些思想资源真正成为现代生态思想的重要组成部分，能够与现代社会发展相衔接，与现代文明相融合。

（二）中西方生态思想资源的当代价值

树立新的生态意识、增强生态文明，总是从原有的基础上起步的。为此，必须重视开发人类原有的生态思想资源，充分发挥其应有的价值。总体说来，中西方生态思想资源具有这样一些当代价值。

1. 有助于形成尊重自然、保护自然的生态共识

一是促进中西方生态理论的相互借鉴。生态问题的出现不是中国独有的，而是世界上绝大多数国家在发展过程中面临的共性问题。中国在其发

展中，需要秉持开放的态度，注意借鉴西方国家在环境问题上的经验教训，同时注意学习借鉴西方国家在环境治理上的有益做法，以有效解决我国不断出现的生态问题。应当看到，中国和西方国家的国情不同、政治制度和体制不同，在学习借鉴他国经验时，一定要结合本国的实际情况，既要看到中国和其他国家的共性，也要看到个性所在。我国幅员辽阔，地区差异较大，因而我国各个地区和各个民族在生态环境问题上都存在着特殊性，尤其是与外国相比有着明显的特殊性。但是，在生态环境保护的一些基本问题上，国内外还是有许多共识。加强中西方生态思想的交流，有助于形成保护生态环境的基本共识，从而有助于我国生态环境问题的解决。

二是提升全社会的生态文明认识水平。中西方生态思想中，对自然规律的认识和尊重，对自然万物、对生命的理解和关爱，对万物的关怀，对人与自然关系和谐的强调等，都有助于我们深化对生态环境的认识，有助于增强生态文明意识。传统的观念看似古老，但并不等于落后，有些观念具有超越时空的特点，具有永恒的魅力。中国古代许多生态思想就是中华民族智慧的结晶，直到现在仍有其不可磨灭的价值。事实表明：凡是维护生态系统的完整性和稳定性，有利于促进生态环境健康发展的认识和观点，都是正确的，都是经得住时间检验的，因为这些思想实质上是在维护人类生存的物质基础和前提，维护人类的生存和发展；相反，违反自然生态规律，破坏生态系统的平衡和稳定，不利于人与自然和谐的思想和行为，都是错误的，因为它误导人们为了眼前的利益损坏人类的家园，断送了持续发展的机会，也断送了人类发展的前途。所以，积极吸收中西方传统生态思想中的精髓，取其精华，实现现代转换，为我所用，对于提高全社会的生态文明水平、促进生态文明发展是非常必要、有益的。

三是促进生态理论的创新发展。生态实践的发展，要求有相应的生态理论。近年来，随着生态问题的不断提出和解决，有关生态的认识在不断增强，生态理论也在逐步形成。但是，总体来看，生态的理论还跟不上生态实践的发展。实践要求加强生态理论建设，形成生态文明建设的理论体系，切实增强理论自觉。为此，需要从中西方文化中获取生态思想资源，吸收借鉴中西方在生态环境问题上的思想智慧，充实和丰富我们的思想认识。如中国传统生态思想特别强调人对自然的责任和使命，"敬畏天命""中庸之道"等思想为当下生态建设提供了一种整体论世界观，强化了人对自然的敬畏感，增强了人顺应自然、保护自然的责任感。这种敬畏感和责任感，对于约束人们的行为具有积极作用。又如，近代西方生态思想主要诉诸人们的理性，提倡生态伦理，这也能够在影响社会舆论和政府决策方面发挥重大作用。许多学者从不同角度阐述了生态保护的思想，拓展了生态哲学、生态伦理学的研究，形成了不同特色的生态思想，对生态实践的发展起了很大作用。以往的伦理学，都是处理人与人之间的关系，而生态伦理学则主要处理人与自然的关系，形成了自己独特的伦理学视界。尽管不同的理论各有利弊，但各种理论都从不同角度提出了自己独特的思考，对于我们深化生态环境的认识有重要的启发意义。

四是促进发展观和价值观的升华与发展。中西方生态思想追求生态多样化原则，主张人要处理好与生态环境的关系等，对于我们确立正确的发展观和价值观是一个促进。这就要求我们在经济发展过程中，不仅应该坚持"人"的标准，同时应该坚持生态标准，任何单纯以国内生产总值和经济增长速度来衡量发展的观念都是错误的，必须用生态观念予以重新审视。中国传统生态思想把中庸、和谐、平等、正义等视为生态思想的核心，对传统生态价值观提出了尖锐挑战。西方生态思想逐渐强化对自然与社会关系的关注，强调"人类政治确实要追求自由、平等、正义，要努力追求稳定良序的社会结构，要力求实现个体的幸福和整个社会的繁荣与发展，但是不要忽视这一活动是在政治、社会与自然的协调和平衡的系统中进行的，政治的运作离不开自然为其提供的资源支撑。当外在的资源支撑出现危机时，对自然的关注理应被纳入政治之中"①。这就是说，生态环境不是孤立发展的，而是与经济、政治等领域密切相关，为此必须将生态环境保护置于政治、经济发展之中来统筹考虑。自改革开放以来，我国经济发展取得了巨大成就，但这种发展也在生态环境和自然资源方面付出了不少代价。这种发展方式反映出人们自身经济发展需要与所处的生态环境之间的矛盾，粗放型的传统经济发展模式严重消耗了自然资源，破坏了自然环境，阻碍了经济的可持续发展。在新的历史条件下，必须认真反思这样的发展观和价值观，重新回到正确的发展观和价值观轨道上来。

五是推动相关环保制度的改革和完善。在近代西方传统生态思想中，一些思想家都不同程度地强调了制度的重要性。如孟德斯鸠在《论法的精神》中着重探讨自然环境和社会环境对政治法律体系的影响，并以此证明环境是影响政治法律体系的关键因素。中国古代自西周以来就制定了严苛的法律保护生态环境，为当下的环境立法提供了示范，对于推进环保制度改革也是一个参考。保护生态环境确实需要依靠制度。为此，要加强生态文明建设，必须加强相关环保制度的建设，这就是要以我国现有的生态环保法律为基础，遵循生态发展规律，从环境整体观出发，制定综合性生态环境保护法。同时，要进行综合研究，结合实际提出生态环境保护法的基本框架，形成包括水资源、空气、声环境、固体废物、辐射放射以及生态环境评价体系在内的一系列环境法律体系，建立和完善生态环境保护法律和体制机制。与此同时，应明确各级政府的生态环境保护法律责任，明确执法权，确保生态环境保护法的顺利实施。

2. 有助于促进生态文明建设

一是有利于扎根中国生态文明建设的实践。党的二十大报告强调"大自然是人类赖以生存发展的基本条件。尊重自然、顺应自然、保护自然，

---

① 王治军：《生态政治理论的产生及影响》，《天水行政学院学报》2008 年第 1 期。

是全面建设社会主义现代化国家的内在要求"。中西方生态思想的现代转换，非常有利于推动生态文明建设。因为其基本理念与尊重自然、顺应自然、保护自然的理念完全相吻合，尤其是中国传统生态思想就是植根于中国的现实土壤，因而更切合中国发展的实际。中西方一些生态思想也有利于完善生态环境制度建设，可以为加强环保工作，坚持保护与治理并重，积极探索与全球生态文明建设相适应的体制机制，加强生态文明建设提供思想资源。为此，我国在经济发展过程中，一方面必须坚持科学发展观和新发展理念，贯彻和落实可持续发展战略，制定科学的经济、人口、资源、环境协调发展规划，大力发展循环经济，加快推进清洁生产，加大科技投入，合理地开发和使用各种自然资源。另一方面，要将环境保护当作重要课题，制定合理可行的生态环保措施，解决经济发展和环境保护的矛盾，使我国社会真正走上生产发展、生活富裕、生态良好的和谐发展道路。

二是有利于在处理人与自然关系中兼顾社会公平正义。当代西方一些生态思想通过剖析资本主义社会中的自然异化现象以及人与自然之间的不平等关系，强调社会公平正义的重要性，并提出许多具体意见。这对我们生态文明建设有其借鉴意义。改革开放以来，我国在经济高速持续增长的同时，贫富差距拉大、生态环境破坏等现象也相继出现，社会公平正义遭到损害。一些地方为了经济发展，不惜竭泽而渔，致使生态环境受到严重破坏，经济发展难以持续。"寅吃卯粮"现象的出现与蔓延，将会给子孙后代造成生存发展的危机。因此，西方生态理论提出的生态公平正义问题，应当引起我们的重视，并切实采取措施予以解决。具体来说，就是要求依据民主程序制定出合理完备的维护社会公平正义的规则体系，通过制度安排和政策完善有效遏止生态环境破坏的不法行为，防止社会不和谐因素的进一步蔓延，采取有效措施保证每一个社会成员都享有获得社会资源、谋求生存和发展的基本权利，从而真正体现社会公平正义。

三是有利于推进公众生态参与。生态文明建设有赖于民众广泛参与。现阶段我国公民的生态环保意识低，使生态文明建设缺乏社会文化基础。一方面，公民科学文化素质水平较低限制了对生态文明建设的认识及生态环保意识的提高，难以树立正确的生态文明价值观，并以健康的生态意识约束自己的行为；另一方面，公民参与全国生态环境保护的积极性不高，缺乏对生态文明建设的热情和主动参与。为此，政府应高度重视社会生态文化环境的形成，在全社会倡导生态文明伦理，普及生态环境保护法知识，将生态文明建设意识逐步上升为全民族的意识和全社会的价值观，形成关注生态文明建设、保护生态环境的社会风气。这就要加强对公民勤俭节约的传统美德教育，加强生态环境保护的教育，提高全民忧患意识，鼓励公民积极通过各种信息平台对生态文明建设建言献策。在这方面，各种大众传媒应充分发展发挥其优势，迅速、及时、准确地向社会传达生态环境信息，加强舆论引导与监督作用。

四是有利于加强环境保护，促进循环经济发展。中国传统生态思想中"参赞化育"的理念，提倡人类在利用资源时"取之有时""取之有度"；西方近代生态思想中禁止在野生动植物幼年期、繁殖期和生长旺盛期狩猎或采伐，使资源可持续利用，保持经济和社会自身发展可持续性。这些思想尽管表述不同，但都突出了一个原则，这就是要求人们厉行节约，合理利用自然资源。这种适度消费的思想给后人留下一个重要警示：资源是有限的，人类决不可为了满足目前的欲望，而以破坏自然平衡为代价。当代人在开发利用资源的同时，要担负起在不同时代之间合理分配资源的职责，确保后代子孙享有和当代人一样的分享资源的权利和平等的发展机会。为此，发展循环经济迫在眉睫。循环经济不仅能够提高资源利用率，而且有利于减少资源消耗和废物排放。在一些欧美国家，环保产业的产值潜力巨大，绿色循环经济不仅能回收污染废弃物，还能推动经济发展更能带动劳动就业。因此，处在转型期的中国应积极探讨发展循环经济的思路，吸收借鉴中西方生态思想中的循环理念，引领新兴产业的发展，推动整个社会走向资源节约型、环境友好型社会。

五是有利于增强生态文明建设的话语自信。党的十八大以来，习近平总书记深刻阐释了生态文明建设的重大意义、方针原则、目标任务和工作重点，对解决"什么是生态文明，怎样建设生态文明"这一关乎人类生存发展的重大问题发表了系列重要讲话。习近平总书记关于生态文明的系列讲话中常常引经据典，蕴含着对传统生态文化的高度自信，运用民族化的语言展现了中华文明的"绿色"魅力。如在党的二十大报告中再次阐述的"绿水青山就是金山银山"的理念，曾在很多场合积极倡导，充分说明了对中国传统生态思想的运用和发展；在有关生态文明的各种论述中，都程度不同地运用和体现了中西方生态文化的思想智慧，并作出了新的阐释和创新，显示了非常明显的话语自信。在生态文明的研究上，我们应该加强中国生态思想资源的挖掘，建立中国特色的生态话语体系，展现中国生态文明话语的独特魅力。

总之，随着当代生态环境理论和实践的发展，应当在理论研究上加强对中西生态思想资源的开掘和利用，使其充分融入我国的生态环境理论的建构之中，促进生态文明建设。

第四章　马克思恩格斯研究自然的三个维度

树立正确的生态意识，不仅需要面对现实，从观念上加以深刻的反省，而且需要加强对中外各种生态思想文化资源的挖掘和提炼，从中吸取思想营养。在各种生态思想文化资源中，马克思恩格斯的"自然"思想备受关注。这不仅因为它是我们理解和把握自然生态的重要世界观和方法论，而且因为它所阐述的一些理论观点最接近和切合我们的社会生活现实。马克思恩格斯所谈论的问题，所面对的现实，所遇到的症结，所提出的发展方向，对我们今天认识生态问题，树立正确的生态意识，有着非常重要的理论和现实意义。

马克思的自然思想贯穿了他的一生研究，分别体现于不同的著述之中。大致说来，马克思关于自然的论述，可以划分为这样三个阶段：第一阶段是 19 世纪 40 年代唯物史观以及"新哲学"创立时期，通过抵制各种旧哲学，建立"新哲学"而阐发了大量有关自然的思想；第二阶段是 19 世纪五六十年代《资本论》创作时期即政治经济学研究时期，通过对资本主义生产过程及其内在矛盾的分析，阐发了丰富的自然思想；第三阶段是 19 世纪 70 年代中期以后的史学研究时期，通过对古代社会史和俄罗斯农村公社发展等问题的具体研究，阐发了许多有关自然的思想。总体而言，马克思恩格斯关于自然的思想内容是非常丰富的，论域也是非常广泛的，既有宏观层次的自然理论，也有微观层次的自然思想；既有经济学意义的自然论述，也有政治学、社会学、历史学、哲学等意义上的自然论述。因而可以从不同学科、不同角度加以探讨和把握。要全面整理和揭示马克思恩格斯的自然思想是一项艰巨而复杂的理论工作，本章旨在对马克思恩格斯研究自然的基本方法或基本理论特点做一粗浅探讨，以期有助于更好地理解和把握马克思恩格斯的自然思想。就总体而言，马克思恩格斯对自然的研究，主要凸显了这三个维度，即实践的维度、历史的维度、资本的维度。正是这三大维度，体现了马克思在自然观上的深刻变革和显著超越。因而研究马克思恩格斯的自然观，应当对其方法论有一个深入的认识和理解。

一、实践的维度

在人类思想史上，任何一个有影响的思想家都会有关于自然和世界的看法，而且各个思想家之间也是相互影响的。人类关于自然的认识，就是在这样的过程中推进的。马克思恩格斯对自然的理解和认识，也是在前人认识的基础上逐渐形成和发展起来的。

马克思最早关注和谈论自然，是从《博士论文》开始的。从其《德谟克利特的自然哲学和伊壁鸠鲁自然哲学的差别》这个题目中就可以看出马克思对自然的关注，尽管这里讲的自然并不仅仅是我们今天讲的自然界，而是有其较为广泛的含义。借助于德谟克利特与伊壁鸠鲁两种自然哲学的比较，马克思阐发了自己对自然的初步认识，并且阐发了有关必然与自然关系的思想。随着对黑格尔哲学和费尔巴哈哲学的深入研究，马克思一点点地深化了对自然的认识，从而确立了新的自然观。追溯和检视这一发展过程，可以有助于我们更清晰地认识马克思自然观对黑格尔、费尔巴哈自然观的批判改造，更深刻地理解马克思自然观上的革命。

黑格尔是近代以来系统论述自然哲学的一位重要哲学家。在其《哲学全书》中，第二部就是《自然哲学》。从绝对精神出发，黑格尔认为自然是绝对精神外化的结果，是精神发展到一定阶段上的产物。他还认为，自然是由各个发展阶段组成的体系，其中一个阶段向另一个阶段的发展都是必然的，推动它们发展的是它们内在的辩证法即内在矛盾，在整个发展过程中都包含着进化和退化两个相互依存和相互转化的序列。在为何划分自然的问题上，他认为划分的意图在于表明精神在自然中自己规定自己，是精神自我完善的过程。由此，他把这个过程规划为力学领域、物理学领域、有机学领域，相应地，第一篇考察的是空间与时间、物质与运动以及天体运动；第二篇考察的是物理天体、物理元素和气象过程等；第三篇考察的是生命，即地质有机体、植物有机体和动物有机体。这些领域是作为有机联系的系统而存在的，它们都在一定程度上反映着整个宇宙精神，其各自的完善程度体现了反映的程度。这种自然观显然是一种纯思辨的理解，所谓自然的存在与发展不过是精神的"漫游"。除了《自然哲学》，黑格尔在其美学研究中也论述到自然，尤其涉及人化的自然。黑格尔在分析艺术美的理想时，谈到人为了实现主体与客体的一致，必须通过外界事物来满足需要。黑格尔认为，这样一来人就"把他的心灵的定性纳入自然事物里，把他的意志贯彻到外在世界里"，因而"人把他的环境人化了"。①这种人化的结果，就达到了人与外界事物的和谐。黑格尔的这种"人化环境"的观点对马克思有其重要影响，但黑格尔所讲的"人化"，不过是精神意识在自然环境中的"外化"。所以，马克思说，在黑格尔那里，"人的本质的全部异化不过是自我意识的异化。自我意识的异化没有被看做人的本质的现实异化的表现"②。

　　费尔巴哈从人本学的立场出发，对宗教和黑格尔的思辨哲学进行了揭

---

① ［德］黑格尔：《美学》第一卷，朱光潜译，人民文学出版社 1962 年版，第 318 页。
② 《马克思恩格斯文集》第 1 卷，人民出版社 2009 年版，第 207 页。

露和讽刺。费尔巴哈继承了近代以来人文主义和启蒙运动关于自然与人的思想，恢复了英法唯物主义的哲学传统，建立了"人本主义"的哲学。他认为，人本主义或人本学就是以人和自然为哲学唯一的最高对象，自然是人赖以生存的基础，同时也是思维与存在同一的基础。费尔巴哈从人出发来看待自然，认为自然界就是同人自己区别开来的多种形式的感性事物的总和，其特征是有形体的、物质的、可感知的。他认为自然不应由精神来证明，而应由自己证明自己，自己产生自己；自然没有始端和终端，时间和空间是自然的存在形式，一切都在现实的时空中，按照自然的必然性、因果性和规律性而运动着。据此批判了上帝存在的证明和目的论，同时批判了黑格尔的思辨自然观。与此同时，费尔巴哈也接触到了"人化自然"的问题。在其分析宗教的起源和秘密时，他认为"人以多种多样的方式人化自然本质，反过来——因为，二者是不可分割的——也以多种多样的方式来对象化、外化他自己的本质"。① 在他看来，由于人惊异于自然力量的威严和对自然力量的无知，就把自然人化为全知全能体和至善至美体，从而创造出一个最高的神即上帝。因此，他认为神的产生，其实是人把自己的本质赋予自然的结果。费尔巴哈这里所说的"人化自然"，不过是人对自然的一种虚幻的想象或幻觉，自然被披上了人的华丽外衣。他的这种自然观使神人化、使人自然化，认为神是人的产物，人是自然的产物，但并没有对人化自然作出深刻的阐释，同时也没有发现人化自然的积极作用。可以看出，无论是黑格尔还是费尔巴哈，在对自然的看法上，都是各执一端。黑格尔虽然在对自然问题的理解上看到了人及其精神的能动性，但他过分夸大了这种能动性，以致自然完全成了精神的外化表现或精神发展的产物。本来是客观现实的自然现象，成了精神王国活动的神秘产物。

---

① 《费尔巴哈哲学著作选集》下卷，荣震华等译，生活·读书·新知三联书店 1962 年版，第 822 页。

费尔巴哈虽然推翻了自然观上的神学观点和唯心主义观点，使自然的认识摆脱了神秘主义，但他所讲的自然只是静态直观中的自然，完全外在于人的自然。尽管他也讲到"人化自然"，主要不是从肯定意义上，而是从否定意义上来讲的。

马克思的自然观，正是在批判改造黑格尔和费尔巴哈自然观基础上形成和发展起来的。针对黑格尔以及其他一切唯心主义的自然观，马克思明确强调，自然界并不是什么绝对精神和意识的产物，而是客观的物质存在。马克思主要是通过人与社会同自然界的关系来说明自然界的客观性的。首先，人直接是自然存在物，是"自然界的一部分"①。"一个存在物如果在自身之外没有自己的自然界，就不是自然存在物，就不能参加自然界的生活。一个存在物如果在自身之外没有对象，就不是对象性的存在物。"②正因为人是自然存在物，因而人不可能摆脱自然、超乎自然，人的生存和发展总是要依赖自然界。其次，人类社会依赖于自然界，是整个物质世界的组成部分。人类社会赖以生存的物质生活资料只能取之于物质的自然界，离开了自然界，社会是不可能存在的。无论社会怎样发展，自然界总是人类社会存在的现实前提。因此，马克思的自然观是以唯物主义为基础的，是唯物主义的自然观。

针对费尔巴哈以及其他一切旧唯物主义的自然观，马克思主要突出了实践的观点。在马克思看来，费尔巴哈哲学以及其他一切旧唯物主义尽管在自然观上坚持了唯物主义的一般前提，但其根本的缺点就在于缺乏实践的观点，即离开了实践的观点，只是从纯粹客体的角度来理解。正如马克思所说，"从前的一切唯物主义（包括费尔巴哈的唯物主义）的主要缺点是：对对象、现实、感性，只是从客体的或者直观的形式去理解，而不

---

① 《马克思恩格斯文集》第 1 卷，人民出版社 2009 年版，第 161 页。
② 《马克思恩格斯文集》第 1 卷，人民出版社 2009 年版，第 210 页。

是把它们当做感性的人的活动，当作实践去理解，不是从主体方面去理解。"①离开了实践的观点，只能是从直观的形式去理解自然，以致使对自然的理解走向片面化和简单化。正因如此，马克思在阐述自然问题时，特别突出了实践的观点，并将实践观点与唯物主义观点有机结合起来，形成了具有鲜明辩证唯物主义特点的自然观。

从实践的观点来理解自然，应当对马克思的"人化自然"加以合理的理解和把握。在马克思的语境中，"人化自然"具有双重含义：一是指作为人的本质力量对象化的自然，二是指"属人"的、符合人类本性的自然，即非异化的自然。这两种自然在不同的语境中有不同的使用。

先来看第一种含义的"人化自然"。马克思研究自然，与以往的"自然唯物主义"即"纯粹的唯物主义"不同，不是离开人、离开人的活动来抽象地谈论自然及其作用，而是同人及其活动紧密联系在一起的。在《1844 年经济学哲学手稿》中，马克思就是借助于人的本质的问题的研究，通过人与动物的区别阐发了关于人化自然的思想。马克思认为，人们今天所面对的自然，实际上是"人的本质的对象化"②。"通过实践创造对象世界，即改造无机界，证明了人是有意识的类存在物"③。正是在改造对象世界的活动中，人才真正地证明自己是类存在物；也正是在改造对象世界的活动中，自然逐渐变成了人化的自然。因此，人化自然就其实质来说，就是人的本质力量的展现和体现。

在《德意志意识形态》中，马克思恩格斯进一步发挥了这一观点。针对费尔巴哈在自然观上的直观唯物主义，马克思恩格斯从实践的观点即主体的观点做了有力的回击和深刻的证明。马克思恩格斯认为，费尔巴哈的错误不在于确认周围世界的感性现实，而在于"他没有看到，他周围

---

① 《马克思恩格斯文集》第 1 卷，人民出版社 2009 年版，第 499 页。
② 《马克思恩格斯全集》第 42 卷，人民出版社 1979 年版，第 126 页。
③ 《马克思恩格斯全集》第 42 卷，人民出版社 1979 年版，第 96 页。

的感性世界决不是某种开天辟地以来就直接存在的、始终如一的东西，而是工业和社会状况的产物，是历史的产物，是世世代代活动的结果，其中每一代都立足于前一代所奠定的基础上，继续发展前一代的工业和交往，并随着需要的改变而改变他们的社会制度。甚至连最简单的'感性确定性'的对象也只是由于社会发展、由于工业和商业交往才提供给他的"①。据此，马克思恩格斯明确认为，人们今天所面对的自然已经不是原始的自然，而是打上人的活动烙印即人改造过的自然。比如，"樱桃树和几乎所有的果树一样，只是在几个世纪以前由于商业才移植到我们这个地区。由此可见，樱桃树只是由于一定的社会在一定时期的这种活动才为费尔巴哈的'感性确定性'所感知。"② 由于现实的自然界是人化的自然界，因而马克思恩格斯对费尔巴哈所讲的"自然界"给予这样生动而形象的回应："先于人类历史而存在的那个自然界，不是费尔巴哈生活于其中的自然界；这是除去在澳洲新出现的一些珊瑚岛以外今天在任何地方都不再存在的、因而对于费尔巴哈来说也是不存在的自然界。"③ 这就说明，自然界固然在人类出现之前就早已存在，但自从人类出现之后，由于人类通过实践活动的改造，自然就在不断改变原来的自然状态，因而人们周围的自然界，就不能不是人化了的或人化过的自然。

按照马克思的"人化自然"思想，在实践活动中，不仅自然界在人化，而且人本身的自然也在人化。也就是说，在人的实践活动中，周围的自然和人本身的自然实现着双向的改造。马克思以人的感觉为例生动地说明了这一点。他认为，只要是人，都有感觉，但不同的人、不同时期的感觉是不一样的。"对于没有音乐感的耳朵来说，最美的音乐也毫无意义"④。那

---

① 《马克思恩格斯文集》第 1 卷，人民出版社 2009 年版，第 528 页。
② 《马克思恩格斯文集》第 1 卷，人民出版社 2009 年版，第 528 页。
③ 《马克思恩格斯文集》第 1 卷，人民出版社 2009 年版，第 530 页。
④ 《马克思恩格斯文集》第 1 卷，人民出版社 2009 年版，第 191 页。

么，人的各种感觉又是如何形成的？马克思讲："不仅五官感觉，而且连所谓精神感觉、实践感觉（意志、爱等等），一句话，人的感觉、感觉的人性，都是由于它的对象的存在，由于人化的自然界，才产生出来的。五官感觉的形成是迄今为止全部世界历史的产物。"①这就是说，作为人的感觉的产生，并非纯自然的事情，它只是首先依赖于客观存在的、实践改造的对象，但仅当对象的存在，还产生感觉、意识的可能，只有通过"人化自然"的实践活动，才会使这种可能变为现实。

再来看第二种含义的"人化自然"。这种"人化自然"的"人化"，并不是指人的本质力量的"对象化"，而是指自然界的"属人化"，即自然界不是成为对于人的异己力量，而是有助于人的生存发展的客观对象和现实力量。马克思认为，自然界应当通过人类的生产劳动，通过自然科学和工业，变成属人的自然界，即符合人的本质需要的自然界；只有这样的自然界，才是人的现实的自然界。然而，在私有制条件下，异化劳动使人和自然界相分离，把人对自然界的占有变成了对自然界的丧失。人在异化了的自然界中感受到的不是美和自由，而是痛苦和奴役，人改造自然的力量越大，他自身的力量就越小，人改造自然创造的财富越多，他就越贫穷，因而人与自然处于紧张的对立关系之中。随着资本主义的发展，人与自然不仅没有趋于统一，而是不断制造着、强化着人与自然的分裂。因此，要解决这种分裂，使自然界不再成为异己的力量，就必须实现共产主义。马克思认为，共产主义就是自然界向人的生成，共产主义通过扬弃私有财产，消除异化劳动，可以重新实现人对自然界的占有，使自然界成为真正的"人化的自然"，即符合人性的自然，因而共产主义是"对私有财产即人的自我异化的积极的扬弃，因而是通过人并且为了人而对人的本质的真正占有；因此，它是人向自身、也就是向社会的即合乎人性的人的复归，这种

---

① 《马克思恩格斯文集》第 1 卷，人民出版社 2009 年版，第 191 页。

复归是完全的复归，是自觉实现并在以往发展的全部财富的范围内实现的复归。这种共产主义，作为完成了的自然主义，等于人道主义，而作为完成了的人道主义，等于自然主义，它是人和自然界之间、人和人之间的矛盾的真正解决。"①需要指出的是，共产主义固然是对人与自然矛盾的解决，然而，人究竟怎样切实地占有自然界呢？马克思认为，人只有作为社会的人才能成为人的对象。"自然界的人的本质只有对社会的人来说才是存在的；因为只有在社会中，自然界对人来说才是人与人联系的纽带，才是他为别人的存在和别人为他的存在，只有在社会中，自然界才是人自己的合乎人性的存在的基础，才是人的现实的生活要素。只有在社会中，人的自然的存在对他来说才是人的合乎人性的存在，并且自然界对他来说才成为人。因此，社会是人同自然界的完成了的本质的统一，是自然界的真正复活，是人的实现了的自然主义和自然界的实现了的人道主义。"②所谓"实现了的自然主义"，就意味着人和自然界之间矛盾的真正解决；所谓"实现了的人道主义"，又意味着人与人之间矛盾的真正解决。所以，这双重矛盾的解决，也就是对"历史之谜的解答"。③

对于"人化自然"的"属人"性，同时需要注意马克思恩格斯考察自然的一个重要方法论，即"为我"关系方法论。所谓"为我"关系方法论，就是对自然不是孤立的，而是从主体出发，从人与自然的关系中来考察。马克思恩格斯指出："凡是有某种关系存在的地方，这种关系都是为我而存在的；动物不对什么东西发生'关系'，而是根本没有'关系'；对于动物来说，它对他物的关系不是作为关系存在的。"④这里所讲的"关系"，显然不是一般意义的关系或联系，而特指的是一种"为我"关系。也就是

---

① 《马克思恩格斯文集》第 1 卷，人民出版社 2009 年版，第 185 页。
② 《马克思恩格斯文集》第 1 卷，人民出版社 2009 年版，第 187 页。
③ 《马克思恩格斯文集》第 1 卷，人民出版社 2009 年版，第 185 页。
④ 《马克思恩格斯文集》第 1 卷，人民出版社 2009 年版，第 533 页。

说，一种外界事物之所以能够同"我"发生关系，正是在于它能适应和满足"我"的需要，有利于"我"的生存和发展。如果该物失去了这样的"为我"性，这种关系也就不存在了，而且谈论该物的存在也就没什么意义了。就此而言，这种理解的自然观事实上就包含着价值观。随着人的能力的发展以及交往的发展，人与自然的关系也在不断深化和发展。从历史上看，"人们对自然界的狭隘关系决定着他们之间的狭隘的关系，而他们之间的狭隘的关系又决定着他们对自然界的狭隘的关系，这正是因为自然界几乎还没有被历史的进程所改变"。① 伴随这种改变进程的发展，人与自然的关系也必然会发生调整。正是在这种调整过程中，"为我"的关系也在不断凸显。

总的来看，不论是在何种意义的"人化自然"，都是同人这一实践主体密切相关的。离开了人，离开了人的实践活动，就很难理解马克思恩格斯所讲的自然，尤其是"人化自然"。

在新的历史条件下，究竟如何看待马克思恩格斯的"人化自然"思想？这一思想究竟能够给我们以什么样的启迪？深入地思考和回答这些问题，对于我们树立正确的生态意识，合理对待人与自然的关系，推进生态文明建设，具有重要的意义。

由于马克思恩格斯的"人化自然"思想有其双重含义，因而要研究其当代意义与价值，同样需要分别来分析和评价。

就第一种含义的"人化自然"思想来说，应当结合今天新的发展现实，予以合理的诠释和审慎的把握。要加快发展，推进现代化进程，无疑要大力发展生产力。而要发展生产力，必然要求充分利用和改造自然，以扩大资源，提高劳动生产率，创造更多的物质财富。就此而言，"人化自然"的观点必须坚持。但是，重视"人化自然"，并不意味着任何时候、任何

① 《马克思恩格斯文集》第1卷，人民出版社2009年版，第534页。

情况下"人化"的程度越高越好。人化的程度是有限度的，这个限度主要来自自然界本身和人本身。其一，人虽然不同于自然，但又是自然界发展的产物，是自然界的一部分。马克思指出："自然界，就它自身不是人的身体而言，是人的无机的身体。人靠自然界生活。这就是说，自然界是人为了不致死亡而必须与之处于持续不断的交互作用过程的、人的身体。所谓人的肉体生活和精神生活同自然界相联系，不外是说自然界同自身相联系，因为人是自然界的一部分。"① 既然人是自然之子，是自然界的一部分，那么，他的活动及其自身的发展就必须遵循自然规律。人再能动，也不能违背规律。其二，人的创造不能离开自然。人不同于动物，他不是本能的，而是富于创造性的。正是在创造过程中，人才体现出自己的本质力量，才真正超越于动物。但是，人的创造不是凭空的创造，诚如马克思所说，"没有自然界，没有感性的外部世界，工人什么也不能创造。"② 并且进一步认为，"人并没有创造物质本身。甚至人创造物质的这种或那种生产能力，也只是在物质本身预先存在的条件下才能进行"③。对此，马克思在《哥达纲领批判》一书中也做过相应的阐发。针对哥达纲领中作出的"劳动是一切财富和一切文化的源泉"的观点，马克思明确指出："劳动不是一切财富的源泉。自然界同劳动一样也是使用价值（而物质财富就是由使用价值构成的！）的源泉，劳动本身不过是一种自然力即人的劳动力的表现。"④ 马克思还进一步作了具体的说明，认为只有一个人一开始就以所有者的身份来对待自然界这个一切劳动资料和劳动对象的第一源泉，把自然界当作属于他的东西来处置，他的劳动才成为使用价值的源泉，因而也成为财富的源泉。其三，在人的实践活动中，必须注意自然界的"优先性"。

---

① 《马克思恩格斯文集》第 1 卷，人民出版社 2009 年版，第 161 页。
② 《马克思恩格斯文集》第 1 卷，人民出版社 2009 年版，第 158 页。
③ 《马克思恩格斯全集》第 2 卷，人民出版社 1979 年版，第 58 页。
④ 《马克思恩格斯文集》第 3 卷，人民出版社 2009 年版，第 428 页。

人总是在实践活动中生存、发展着，离开了实践活动尤其是生产劳动，人类的生存发展以及人类历史就会中断。但即使实践活动再重要，自然界的地位和作用也不会轻易改变，"外部自然界的优先地位仍然会保持着"①。尊重自然，会得到可喜的回报；违背自然，会得到应有的惩罚。自然界的优先地位就是通过这种作用得以显现的。因此，在"人化自然"的过程中，在实际发展过程中，必须考虑自然环境的实际状况，注意自然界的承受能力、消化能力、再生能力和自我修复能力。超过了这些能力，将会给自然环境造成严重破坏，以致影响到经济发展和社会的正常发展。所以，"人化自然"的发展不能以破坏整个自然的平衡为代价，"人化"的限度应该合理控制。在这里，还是需要回到马克思恩格斯。在自然问题上，马克思恩格斯无疑强调实践观，但这种强调是以肯定自然界的客观性、优先性为前提的。离开了这一前提，就使自然观失去了唯物主义的基础。马克思恩格斯在自然观上的变革，不在于仅仅强调了实践观，而是在坚持唯物主义的基础上突出了实践观，实现了二者的有机结合。因此，在马克思恩格斯的视野里，坚持实践的观点与坚持自然客观性的观点是内在一致的。

　　在人化自然问题上，应当正确看待人的主体性。在自然界面前，人无疑是主体，具有主体性。这种主体性当然首先表现为人的能动性，但仅仅是能动性不足以概括人的主体性，主体性同时包含着人的受动性，完整的主体性应是能动性与受动性的统一。在《德意志意识形态》中，马克思恩格斯在讲到现实物质生产过程时明确指出："历史的每一阶段都遇到一定的物质结果，一定的生产力总和，人对自然以及个人之间历史地形成的关系，都遇到前一代传给后一代的大量生产力、资金和环境，尽管一方面这些生产力、资金和环境为新的一代所改变，但另一方面，它们也预先规定新的一代本身的生活条件，使它得到一定的发展和具有特殊的性质。由此

---

① 《马克思恩格斯文集》第 1 卷，人民出版社 2009 年版，第 529 页。

可见，这种观点表明：人创造环境，同样，环境也创造人。"① 这就是说，人的能动性的发挥，不能摆脱客观制约性。在发挥主体能动性的过程中，必须充分考虑环境资源的约束条件、考虑既有的生态环境状况，不能脱离这样的条件性而任意发挥其主体性和能动性。

就第二种含义的"人化自然"思想来说，应当突出"以人为本"的价值指向。如前所述，在马克思恩格斯的视野中，"人化自然"不仅仅指人的本质力量的对象化，同时也指自然界的"属人化"，即让自然界不至成为人的异己力量，而是适于人的正常生存、发展。易言之，"人化自然"不应是"敌视人"的自然，而应是"亲近人"的自然。这一观点在当代经济和社会发展中有其非常重要的现实意义。为此，必须首先明确经济发展的目的与意义。加速经济增长，实现生产力的跨越式发展，这是走向现代化的必由之路。然而，提高经济增长水平并不是发展的最终目的，最终目的还是人的发展。为增长而增长，这是传统的发展观，新型的发展观应是以人为本的发展观。所谓以人为本的发展观，就是在规划和推进发展的过程中，必须以人为中心，把人既当作是发展的出发点，又当作是发展的落脚点，一切服务于人、有利于人的发展。假如以破坏生态环境、资源来换取一定程度的经济增长，那么这样的发展只能是破坏人的生存、发展的"发展"，是违背人的本质、本性的发展，一句话，是"异化"的发展。在这方面，无论是国际还是国内，都曾经走过了不少弯路，付出了相当大的代价，今天再也不能延续下去了。习近平总书记在纪念马克思诞辰 200 周年大会上的讲话中深刻地指出："自然物构成人类生存的自然条件，人类在同自然的互动中生产、生活、发展，人类善待自然，自然也会馈赠人类，但'如果说人靠科学和创造性天才征服了自然力，那么自然力也对人进行报复'。自然是生命之母，人与自然是生命共同体，人类必须敬畏自

---

① 《马克思恩格斯文集》第 1 卷，人民出版社 2009 年版，第 544—545 页。

然、尊重自然、顺应自然、保护自然。"① 因此，发展的目的一定要明确，这就是要牢固树立以人为本的价值指向，把人的正常生存、发展作为谋划发展的核心。为此，在人化自然的过程中，一定要加强人与自然的和谐。作为经济发展，肯定需要开发、利用资源、能源，但开发、利用不能盲目的开采、破坏。生态环境、资源能源一旦得不到有效保护，人的生存环境和生命家园也难逃其劫。如果这种状况继续发展蔓延下去，那么人的生存、发展就不可避免受到巨大威胁。真要是出现了这样的局面，发展还有什么意义？因此，在发展问题上，必须树立"属人"的发展理念，让人化的自然真正成为"属人"的自然。

人对自然的对象化和自然对人的人性化实际上是相互关联、彼此促进的。简单说来，人与自然是双向生成的。人与自然既是互为对象性的存在，又彼此从对方获得存在和发展的力量。就像植物和太阳互为对象化存在一样，"太阳是植物的对象，是植物所不可缺少的、确证它的生命的对象，正像植物是太阳的对象，是太阳的唤醒生命的力量的表现，是太阳的对象性的本质力量的表现一样。"② 在人与自然的相互依赖中，人对自然的依赖更强、更大，因而使自然的改造与发展更趋于"人性化"，这是人的发展的客观要求，也是树立合理的生态意识的必然要求。

二、历史的维度

马克思恩格斯立足于实践来考察自然，同时也是从社会历史的角度来看待自然。因为实践是社会生活和社会历史的基础，全部社会生活在本质

---

① 习近平：《在纪念马克思诞辰 200 周年大会上的讲话》，人民出版社 2018 年版，第 21 页。

② 《马克思恩格斯文集》第 1 卷，人民出版社 2009 年版，第 210 页。

上是实践的，因而坚持从实践出发来考察自然，就意味着不能仅仅就自然来研究自然，而是要把自然放在社会历史发展中来考察。或者说，从社会历史的视角来理解和把握自然及其发展。这是对以往自然理论研究的一个重大超越，因而构成马克思恩格斯自然观的一个重要维度。

在现实世界的历史发展中，自然和社会始终是内在地联系在一起的。马克思恩格斯指出："我们仅仅知道一门唯一的科学，即历史科学。历史可以从两方面来考察，可以把它划分为自然史和人类史。但这两方面是不可分割的；只要有人存在，自然史和人类史就彼此相互制约。"① 实际情况正是如此，在现实世界发展过程中，自然和社会总是相互制约、相互渗透的。一方面，没有人与人之间的社会关系，就不可能有人与自然的现实关系。马克思指出："自然界的人的本质只有对社会的人说来才是存在的；因为只有在社会中，自然界对人说来才是人与人联系的纽带，才是他为别人的存在和别人为他的存在，只有在社会中，自然界才是人自己的合乎人性的存在的基础，才是人的现实的生活要素。"② 另一方面，人类社会是在劳动所引起的人与自然之间的物质变换中形成并发展起来的，人类历史也无非是"自然界对人来说的生成过程"③。社会发展既不是纯自然的过程，也不是脱离自然的超自然的过程，而是包括自然运动在内的与自然历史"相似"的过程。正是在此意义上，社会是自然的社会或"自然的历史"。把自然以及人对自然的关系从社会历史中排除出去，也就等于把社会历史建立在虚无之上。因此，在现实世界，实际形成的是社会的自然和自然的社会，或者说是"历史的自然"和"自然的历史"。人类世界就是由自然和社会构成的二位一体的世界。一部人类发展史，也就是人不断改变自然进而改变社会的历史。所以，考察自然不能离开社会及其历史。

---

① 《马克思恩格斯文集》第 1 卷，人民出版社 2009 年版，第 516 页。
② 《马克思恩格斯文集》第 1 卷，人民出版社 2009 年版，第 187 页。
③ 《马克思恩格斯文集》第 1 卷，人民出版社 2009 年版，第 196 页。

　　马克思恩格斯在自然观上的重大变革之一，就在于克服了以往旧唯物主义局限，确立了"自然—历史"观。在西方哲学史上，唯物论自然观基本上都坚持唯物主义的立场，但其主要的缺陷，就是在自然的看法上缺少历史的观点。费尔巴哈也不例外。马克思恩格斯一针见血地指出："当费尔巴哈是一个唯物主义者的时候，历史在他的视野之外；当他去探讨历史的时候，他不是一个唯物主义者。在他那里，唯物主义和历史是彼此完全脱离的。"① 与此相反，马克思恩格斯在自然观上的变革，就在于实现了二者的统一。

　　当马克思恩格斯将视角转向自然与社会历史的关系问题时，实际上就在寻找自然与社会历史发展的内在关联。这就是要探讨自然界在人类社会发展中所处的地位、所产生的作用与影响、社会发展对自然界又会形成什么样的影响，以及自然界与社会发展如何协调发展等。

　　在马克思恩格斯看来，社会发展虽然不能用自然原因来解释，但其毕竟与自然条件有关，不能完全轻视和否认自然条件对社会发展的影响。实际上，马克思恩格斯无论是对前资本主义社会的研究，还是对现代资本主义社会的研究，以及社会发展的一般研究，都没有忽略对相关自然条件的考察，从中反映出对自然以及社会发展的独特思考。

　　马克思恩格斯在其著述中所涉及的自然条件是多种多样的，主要包括地理环境、自然资源、气候、交通等因素。这些因素以不同的方式对社会发展产生重要的影响。

（一）地理环境

　　地理环境的优劣，对于社会发展有着加速和延缓的作用。这种作用大致有着这样两种情形：一是不同的地理环境对社会发展的影响不同。马克

---

① 《马克思恩格斯文集》第 1 卷，人民出版社 2009 年版，第 530 页。

思认为，不是自然环境所提供的自然产品的绝对丰富，而是自然条件的差异性和自然产品的多样性，更有利于社会的发展。"过于富饶的自然'使人离不开自然的手，就像小孩子离不开引带一样'。"① 而自然条件的差异性和自然产品的多样性，则会形成社会分工的基础。二是同样的地理环境在社会发展的不同阶段上，其作用不同。在人类社会初期，生活资料的自然资源对劳动生产率的提高有决定性的意义，而在较高的发展阶段上，劳动资料的自然资源则具有决定性的意义。②

除了这两种情形的划分外，地理环境还对一个国家、民族的开放程度，现代性的发育程度有重要影响。一般说来，位于沿海、水路的国家比较开放，易于经济贸易和社会的发展；而远离海洋、四周环山的国家则往往趋于封闭保守，社会发展缓慢。从世界现代化的进程来看，较早进入现代化的国家大多是地理环境比较优越的国家。如地中海沿岸的意大利，大西洋沿岸的西班牙、葡萄牙、英国、法国、荷兰、比利时，以及太平洋和大西洋沿岸的美国等，都是海岸线上的国家。相比之下，德国虽然是一个大国，但发展的起步缓慢，远远落后于这些国家，究其原因，一方面是因其长期四分五裂，另一方面也同远离海洋有关。恩格斯在《奥地利末日的开端》一文中曾对此作过分析，认为德国"因阿尔卑斯山脉而跟意大利的文明隔绝，因波西米亚山脉和莫拉维山脉而跟北德意志的文明隔绝，同时碰巧又都位于欧洲唯一反动的河流的流域之内。多瑙河非但没有为它们开辟通向文明的道路，反而将它们和更加粗野的地区连接了起来"③。因此，现代资产阶级文明沿着海岸、顺着江河传播开来的时候，德国"贫瘠而交通阻塞的山区就成了野蛮和封建的避难所"④。

---

① 《马克思恩格斯文集》第 5 卷，人民出版社 2009 年版，第 587 页。
② 《马克思恩格斯全集》第 23 卷，人民出版社 1972 年版，第 560 页。
③ 《马克思恩格斯全集》第 4 卷，人民出版社 1958 年版，第 517 页。
④ 《马克思恩格斯全集》第 4 卷，人民出版社 1958 年版，第 517 页。

马克思认为，亚洲社会之所以停滞，也与其特殊的地理环境有很大关系。亚洲社会的发展缓慢，主要原因是由于其独特的"三位一体"的社会结构，即土地国有、村社制度和中央集权。这样的社会构成，使整个社会生活很难发生什么变化。"从遥远的古代直到 19 世纪最初十年，无论印度过去在政治上变化多么大，它的社会状况却始终没有改变"。① 为什么会造成这样的社会构成和发展状况呢？这也与其所处的地理环境相关。"气候和土地条件，特别是从撒哈拉经过阿拉伯、波斯、印度和鞑靼区直至最高的亚洲高原的一片广大的沙漠地带，使利用水渠和水利工程的人工灌溉设施成了东方农业的基础。"② 而兴修水利工程客观上"需要中央集权的政府进行干预"。③ 因此，印度社会的发展问题间接地受制于地理环境。

（二）自然资源

自然资源是人类生存发展的物质前提，是物质生产得以正常进行的基本条件和构成要素。自然资源一般分为两大类：一类是生活资料的自然资源，有土地肥力、渔产丰富的水域等；一类是劳动资料的自然资源，如奔腾的瀑布、可以航行的河流、森林、金属、煤炭等。马克思认为，人类最初是靠自然界所提供的"现成的生活资料"而生存的，④ 后来逐渐通过加工自然资源生产出新的材料和产品以满足自己的需要，人类社会就是人在与这些自然资源的物质变换中向前发展的。

资源往往是通过对生产力发展的影响而影响经济、社会发展的。一国资源状况如何，在很大程度上影响着一个国家的经济结构、产业结构，进而影响到经济发展。比如美国，自 19 世纪以来，工业之所以能够迅速发

---

① 《马克思恩格斯文集》第 2 卷，人民出版社 2009 年版，第 680 页。

② 《马克思恩格斯文集》第 2 卷，人民出版社 2009 年版，第 679 页。

③ 《马克思恩格斯文集》第 2 卷，人民出版社 2009 年版，第 679 页。

④ 《马克思恩格斯文集》第 5 卷，人民出版社 2009 年版，第 208 页。

展，赶上并超过英国，除了其他原因，其中重要的一点，就是它具有比较丰富的自然资源。"在煤炭、水力、铁矿和其他矿藏、廉价食品、本土生产的棉花以及其他各种原料方面，美国拥有任何一个欧洲国家所没有的大量资源和优越条件。"① 另外，加利福尼亚金矿的发现和开采对美国工业的发展起了重要的推动作用，马克思恩格斯认为它的意义超过了法国 1848 年的二月革命。"加利福尼亚的黄金源源流入美洲和亚洲的太平洋沿岸地区，甚至把最倔强的野蛮民族也拖进了世界贸易——文明世界。世界贸易第二次获得了新的方向。世界贸易中心在古代是泰尔，迦太基和亚历山大，在中世纪是热那亚和威尼斯，在现代，到目前为止是伦敦和利物浦，而现在的世界贸易中心将是纽约和旧金山，尼加拉瓜的圣胡安和利奥，查理斯和巴拿马。"② 相比之下，亚洲和非洲许多地区土壤贫瘠、资源匮乏，因而客观上制约了经济发展。

（三）气候条件

气候条件对一个国家的生产结构、生产布局有直接的影响，尤其是对农业生产结构和布局影响更大。到了资本主义社会，气候对资本的生产、发育也有重要作用。马克思曾经指出："资本的祖国不是草木繁茂的热带，而是温带。"③ 为什么温带易于资本的生长、发育呢？马克思认为，温带地区土地的差异较大，产品种类较多，这种差异性和多样性往往会形成社会分工的自然基础，并且通过人所处的自然环境的变化，促使他们自己的需要、能力、劳动资料和劳动方式趋于多样化，这种状况非常有利于资本的形成和发展。与之相反，热带气候不可能形成这样的状况，在这种气候中所形成的过于富饶的自然使人离不开自然之手就像小孩子离不开引带

---

① 《马克思恩格斯文集》第 4 卷，人民出版社 2009 年版，第 338 页。
② 《马克思恩格斯全集》第 7 卷，人民出版社 1959 年版，第 263 页。
③ 《马克思恩格斯文集》第 5 卷，人民出版社 2009 年版，第 587 页。

一样。

　　马克思恩格斯还从劳动过程和劳动生产率等方面对气候的作用做过深入的阐释。如马克思在《资本论》中分析一般劳动过程时就认为，作为生产力的外在因素如温度、湿度等，虽然"它们不直接加入劳动过程，但是没有它们，劳动过程就不能进行，或者只能不完全地进行"①。此外，气候等自然条件还规定着剩余劳动的界限。"绝对必须满足的自然需要的数量越少，土壤自然肥力越大，气候越好，维持和再生产生产者所必要的劳动时间就越少。因而，生产者在为自己从事的劳动之外来为别人提供的剩余劳动就可以越多。"②

（四）交通条件

　　社会的发展与交通的发展密切相关。一般说来，发展快的社会肯定是交通比较发达，发展慢的社会往往是交通和交往比较落后。马克思在谈到亚洲社会长期发展缓慢时指出，交通的不发达是其重要原因之一："在亚洲的原始的自给自足的公社内，一方面，对道路没有需要；另一方面，缺乏道路又使这些公社闭关自守，因此成为它们长期停滞不前的重大要素（例如在印度）。"③相反，西方国家自近代以来之所以快速兴起，成为资本主义国家，很大程度上得益于交通条件的改变。这种改变除了来自16世纪前后新大陆的发现和新航路的开辟外，更重要的是来自铁路的修建。马克思把铁路称为"实业之冠"。为什么铁路能够称为"实业之冠"？这"不仅是因为它终于（同远洋轮船和电报一起）成了和现代生产资料相适应的交通联络工具，而且也因为它给巨大的股份公司提供了基础，同时形成了从股份银行开始的其他各种股份公司的一个新的起点。总之，它给资本的

---

① 《马克思恩格斯文集》第 5 卷，人民出版社 2009 年版，第 211 页。

② 《马克思恩格斯文集》第 5 卷，人民出版社 2009 年版，第 586 页。

③ 《马克思恩格斯全集》第 46 卷（下），人民出版社 1980 年版，第 16 页。

积聚以一种从未预料到的推动力，而且也加速了和大大扩大了借贷资本的世界性活动，从而使整个世界陷入金融欺诈和相互借贷——资本主义形式的'国际'博爱——的罗网之中"。① 此外，铁路的建立大大增强了社会的流动性，促使社会生活发生深刻变革，同时也加速了原有传统社会结构的解体和新社会结构的形成。如对于那些交通条件落后的国家，"毫无疑问，铁路的铺设在这些国家里加速了社会的和政治的解体，就像在比较先进的国家中加速了资本主义生产的最终发展，从而加速了资本主义生产的彻底变革一样"。② 当然，修筑铁路也好，修筑其他道路也好，总之要有强烈的客观需要，这种客观需要主要来自商品贸易的发展。如果因缺乏交通工具而造成交通障碍，进而影响到商品经济以致整个社会发展时，发展交通就会被凸显出来，成为当务之急。所以，交通与商品经济是密切联系在一起的。

总的说来，自然条件对社会发展有重要影响。这种影响不是像一些人通常理解的那样，似乎在传统社会里较大，而到了现代社会，尤其是后工业社会就不那么大、不那么重要了。其实这是一种误解，自然条件在不同社会、不同历史时期有其不同的作用方式、不同的表现形式，它与社会的关联也是复杂的、多样的。原有的问题解决了，新的问题又会产生，自然和社会就形成这样的矛盾关系。有鉴于此，不能轻易忽视自然条件在社会发展中的作用。

需要指出的是，现代社会发展固然离不开一定的自然条件，但对自然条件还是没有合理的定位，不能走向另一极端。按照马克思的观点，在社会发展过程中，起决定作用的还是社会条件，自然条件也最终还是要靠社会条件来起作用的。"良好的自然条件始终只提供剩余劳动的可能性，从

---

① 《马克思恩格斯文集》第 10 卷，人民出版社 2009 年版，第 433—434 页。
② 《马克思恩格斯〈资本论〉书信集》，人民出版社 1976 年版，第 362 页。

而只提供剩余价值或剩余产品的可能性，而决不能提供它的现实性。劳动的不同的自然条件使同一劳动量在不同的国家可以满足不同的需要量，因而在其他条件相似的情况下，使得必要劳动时间各不相同。这些自然条件只作为自然界限对剩余劳动发生影响，就是说，它们只确定开始为别人劳动的起点。"① 从实际情况来看，自然条件对人类社会发生影响的广度和深度，最终还是取决于各个国家的生产状况和社会发展状况。以地理环境来说，亚洲许多国家、地区不是处于热带，而是温带，而且就土壤的差异性和自然产品的多样性来说、就发展工业所需的一些自然资源的潜力来说，并不逊于西欧。为什么这些特点和潜力长期以来没得到有效的发挥呢？再以近代来看，同样是这种大致相同的自然环境，为什么亚洲某些国家地区发展较快、有些发展较慢、有些基本上没有什么发展？显然，这不是地理环境本身造成的，而主要是由社会因素决定的。在现代化理论研究中，人们常常拿中国与欧洲的海上航行来进行比较，借以说明二者的差异及其后果。从历史上看，中国人最迟到公元 5 世纪就到过美洲，比北欧人到达美洲的时间至少早四五百年，明代郑和下西洋率领的庞大船队的远航，也比达伽马和哥伦布的远航早半个世纪以上。为什么中国没有借助这种优势和条件首先发展起来呢？当然，应当承认，中国基本上是一个内陆国家，不如那些环海而又幅员较小的西欧国家那样有利于发展海上贸易。但是，海外贸易在促进封建制度解体和资本主义形成过程中只起助推的作用，而非首要和主导的作用，真正起主导作用的还是资本主义生产方式的出现。事实表明，如果西欧社会没有产生出资本主义因素，新航路的开辟和新大陆的发现以及由此引起的海上贸易的突然扩大，也不会对欧洲社会产生那么大的影响。所以，单纯用自然条件来解释现代社会的形成和发展是片面的、简单化的。还是应当在对自然条件充分肯定的前提下，加强研究自然

---

① 《马克思恩格斯文集》第 5 卷，人民出版社 2009 年版，第 588—589 页。

条件的社会利用。

自然条件一方面对社会发展具有重要影响，另一方面它又直接受制于社会发展。这就是社会发展对自然条件、生态环境的反作用。马克思以"自然—社会"的视角来考察自然，理所当然要关注社会发展对自然条件的影响。马克思不是一个自然科学家，不是就生态来研究生态的，而是从社会的视域来研究生态的，因而必然将其研究的重点放在生态环境与社会发展的关系问题上，尤其是关注社会发展对生态的影响。在马克思的视野中，自然条件的变化同人的社会活动直接相关，人的活动从不同方面影响着自然的变化和发展。诚如美国学者奥康纳所言，"人类活动对自然界的影响事实上取决于社会劳动的组织方式、它的目的或目标，取决于社会产品的分配和使用方式，取决于人类对自然界的态度和知识水准。'经典马克思主义'的上述这种理论的起点和实践起点在生态学家那里或多或少地被遗忘了。"[①]事实确实是这样，马克思恩格斯对自然不是孤立考察的，而是从社会劳动的目的、组织方式、劳动方式以及资源和产品的分配方式等方面，尤其是从社会关系、社会制度性质来进行探讨的。在马克思恩格斯看来，从近代以来生态环境之所以会出现各种严重的问题，这并不是自然界本身造成的，而恰恰是由人们的行为造成的，是社会扭曲发展造成的。只要这种发展状况得不到改变，生态环境的危机就不可能得到真正的解决。所以，自然与社会的关系不是单向的因果关系，而是互为因果关系。尤其在今天经济快速发展的条件下，社会因素更是这种矛盾的主要方面，理应加强重点关注。

马克思恩格斯关于自然与社会关系的重要思想对于我们今天认识和处理环境问题，经济社会可持续发展问题有其重要意义。历史发展到今天，

---

① ［美］詹姆斯·奥康纳：《自然的理由》，唐正东、臧佩洪译，南京大学出版社 2003 年版，第 8 页。

人类在利用自然、改造自然方面确实取得了骄人的成就，生产力和科学技术取得了重大进步，物质财富得到了巨大创造。但与此同时，自然环境也相继爆发出严重问题，形成程度不同的生态危机，以致严重威胁到社会发展和人的正常发展。如何解决这一困境和难题？没有别的办法，关键是尽力解决人与自然的关系问题。只要这种关系不解决，人与自然依然处于紧张对立的关系之中，那么，这样的难题和困境就无法得到解决。

如何处理好人与自然、社会与自然的关系，实现其自然与社会的和谐发展呢？从马克思的基本立场、观点来看，重要的是解决好经济和社会发展中的这样一些重要的问题：

一是确立正确的发展目标。如前所述，发展最终是为了物还是为了人，这是一个必须弄清楚的大问题。如果仅仅为了换取经济增长，而不惜以牺牲生态环境为代价，那么这样的发展，只能殃及人的正常生存发展，其后果是不堪设想的。保护环境，实质上是保护人自身，这是必须牢固确立的发展理念。这不是要轻视 GDP 的增长，而是说不能将其作为唯一的目标，过分追求 GDP 情结。

二是可转换发展方式。过去的经济发展，由于片面强调经济增长，因而主要是拼资源、拼消耗、拼投入，由此带来的负面影响必然是生态环境的恶化、资源能源的破坏，直接威胁到经济的持续发展。现在，这种发展方式再也不能延续下去了，必须加以转变，这就是要从以往高消耗、高排放、高污染的粗放型发展方式转向质量效益集约型的发展方式。具体来说，就是要降低能源资源的消耗程度，减少污染物排放，促进废弃物减量化、再利用、资源化，促进低碳发展、循环发展；加强生态产业的发展增加生态技术的开发，增加生态产品的供给；建立国土空间开发保护制度，完善最严格的耕地、水资源、环境管理保护制度，健全资源节约集约全过程管理制度；运用各种经济手段和杠杆，大力促进节能、环保产业和资源利用产业发展；运用市场化方法促进资源节约和环境保护，深化资源性产品价格和税费改革，建立资源有偿使用和生态补偿制度等。

三是要调整产业结构。传统的产业结构往往是同高消耗、高污染联系在一起的。这种产业结构在经济发展的初期是不可避免的，但在经济发展到一定阶段则难以为继。因为我国人均资源禀赋不足、存量有限，长期以来粗放型的发展方式使得资源能源和生态环境不堪重负，将要达到承载能力的极限。现在我国的主要能源资源的对外依存度已经很高，不可能再发展下去了。因此，调整产业结构、实现结构转换势在必行。这就是要大力支持新兴产业、新型业态的发展，使之成为主导产业；大力发展第三产业，形成服务业的主导格局，从而实现产业结构的合理化和现代化，推动我国产业由全球价值链中低端迈向中高端。

四是转变发展动力。在我国过去的经济发展中，主要的动力依靠的是消费、投资和出口"三驾马车"。这"三驾马车"一方面拉动了经济快速增长，另一方面也带来了生态环境的负面效应。产能过剩、环境污染日益成为突出的问题，以致影响到经济与社会的健康发展。正因为此，必须改变原来的经济发展动力机制，形成和发展以创新为主的新动力。创新，就是指以科技创新为核心的全面创新，其中包括体制创新、机制创新、组织创新、管理创新等。要支持企业推进技术创新、产品创新、商业模式创新，构建新的产业价值链，形成竞争新优势。要充分发挥科技进步对产业发展和结构调整的支撑和引领作用，瞄准世界新一轮科技革命和产业变革，强化科技创新，强化企业在技术创新中的主体地位，推动科技与产业紧密结合，不断提高科技进步贡献率。

要实现上述这些方面的转变，必须牢固树立新的发展理念，这就是中央提出的创新、协调、绿色、开放、共享的发展理念，尤其是"绿色"发展理念。诚如习近平总书记所说，"要坚持人与自然和谐共生，牢固树立和切实践行绿水青山就是金山银山的理念，动员全社会力量推进生态文明建设，共建美丽中国，让人民群众在绿水青山中共享自然之美、生命之美、生活之美，走出一条生产发展、生活富裕、生态良好的文明发展道路"①。只有坚持和贯彻这样的发展理念，才能保证自然和社会的和谐发展，才能实现自然发展与社会发展"双赢"。

三、资本的维度

马克思恩格斯对自然的考察，常常是同资本批判紧密连在一起的，因而从资本来看待自然是形成马克思恩格斯自然思想的又一维度。

为什么要从资本的维度来考察自然？这是由马克思主义的理论主题决定的。马克思主义的理论主题就是无产阶级和人类的解放，最终目的是实现人的自由全面发展。而要实现无产阶级和人类的解放，关键是要摆脱资本的控制，推翻不合理的社会制度和社会关系。为此，马克思恩格斯用其毕生精力来对资本主义社会进行解剖，对资本加以深刻的揭露和批判。为了揭示资本的形成和发展，揭露资本的内在矛盾，马克思恩格斯一方面深入研究了资本与人的关系，同时也具体考察了资本与自然的关系，并将二者有机地结合起来加以探讨。由于资本和剩余价值的形成和发展离不开自然物质条件，所以关注自然是逻辑发展的必然。这也正是马克思恩格斯在资本批判中重视自然的原因所在。

从资本的维度来考察自然，其主要的论述体现在马克思的不同文本中。在早期，主要体现在《1844 年经济学哲学手稿》中。这一手稿可以看作是对资本的首次批判，从中详细谈到劳动的异化以及自然的异化。在

---

① 习近平：《在纪念马克思诞辰 200 周年大会上的讲话》，人民出版社 2018 年版，第 21—22 页。

中后期，主要体现在《资本论》及其各个手稿中，以及马克思晚年的一些书信中。通过对资本的批判分析，阐发了有关自然的许多思想。可以说，资本的批判、现代社会的解剖、自然的审视，三者是融为一体的。

要从资本的维度来考察自然，首先要了解什么是资本。在马克思看来，资本固然表现为各种生产要素，但更重要的是一种社会关系，尤其是一种生产关系。马克思指出："资本不是物，而是一定的、社会的、属于一定历史社会形态的生产关系，它体现在一个物上，并赋予这个物以特有的社会性质。"①为了证明资本的实质是一种社会关系，马克思在另一处还专门形象地作过这样的解释："黑人就是黑人。只有在一定的关系下，他才成为奴隶。纺纱机是纺棉花的机器。只有在一定的关系下，它才成为资本。脱离了这种关系，它也就不是资本了，就像黄金本身并不是货币，砂糖并不是砂糖的价格一样。"②既然资本不是物而是社会关系，但又必须体现在一个物上，这样一来，资本在其发展过程中就会显示出双重力量或作用：一种是物的力量，即创造物质财富和现代文明成果的力量；另一种是社会关系的力量，即资本追求价值增殖、剥削劳动成果的力量。这两种力量就构成了资本的双重效用。

关于资本对自然和生态环境所产生的积极影响，马克思用《1857—1858 年经济学手稿》中的一段话作出了清楚的表达："如果说以资本为基础的生产，一方面创造出普遍的产业，即剩余劳动，创造价值的劳动，那么，另一方面也创造出一个普遍利用自然属性和人的属性的体系，创造出一个普遍有用性的体系，甚至科学也同一切物质的和精神的属性一样，表现为这个普遍有用性体系的体现者，而在这个社会生产和交换的范围之外，再也没有什么东西表现为自在的更高的东西，表现为自为的合理的东

---

① 《马克思恩格斯全集》第 25 卷（下），人民出版社 1974 年版，第 920 页。
② 《马克思恩格斯文集》第 1 卷，人民出版社 2009 年版，第 723 页。

西。因此，只有资本才创造出资产阶级社会，并创造出社会成员对自然界和社会联系本身的普遍占有。由此产生了资本的伟大的文明作用；它创造了这样一个社会阶段，与这个社会阶段相比，一切以前的社会阶段都只表现为人类的地方性发展和对自然的崇拜。只有在资本主义制度下自然界才真正是人的对象，真正是有用物；它不再被认为是自为的力量；而对自然界的独立规律的理论认识本身不过表现为狡猾，其目的是使自然界（不管是作为消费品，还是作为生产资料）服从于人的需要。资本按照自己的这种趋势，既要克服把自然神化的现象，克服流传下来的、在一定界限内闭关自守地满足于现有需要和重复旧生活方式的状况，又要克服民族界限和民族偏见。资本破坏这一切并使之不断革命化，摧毁一切阻碍发展生产力、扩大需要、使生产多样化、利用和交换自然力量和精神力量的限制。"①

马克思的这些话寓意深刻，内涵丰富，但就资本与自然的关系来说，至少阐明了这样一些重要的观点：其一，只有资本，才扩大了各种物品的效用，创造了一个"有用的体系"。在资本主义生产条件下，无论是自然存在物还是社会存在物，都成了"这个普遍有用性体系的体现者"，而在这个社会生产和交换的范围之外，再也没有什么东西表现为自在自为的、更加合理的东西。这就是说，一切存在物的有用性，正是资本创造和激发出来的。其二，只有资本，才形成了人与自然关系的普遍性。资本的生产不同于以前的生产，它不再是诉诸传统生产技术与经验，而是依靠科学技术，这就必然会创造出一个普遍利用自然属性的体系，创造出一个"普遍有用性的体系"，因而"普遍性"成了人与自然关系的一个显著特征。也恰恰是这样的普遍性，才能更好地认识和利用自然、改造自然，才能发展现代生产力。其三，只有资本，才形成了现代文明。在前资本主义社会，

① 《马克思恩格斯文集》第 8 卷，人民出版社 2009 年版，第 90—91 页。

由于生产力和科学技术水平低下，人在自然界面前畏首畏尾，表现出"对自然的崇拜"，甚至是愚昧。而在资本主义条件下，科学技术和生产力的发展打破了这种"把自然神化的现象"，克服了各种偏见，因而开启了新的文明。这种新的文明不仅表现在观念上，而且表现在各种物质财富和精神财富的创造上。其四，只有资本，才打破了各种地域限制，扩大了交换和交往。在以往社会，由于人们利用和交换自然力量有限，因而其活动主要是在封闭的环境里进行着、重复着旧生活方式。而在资本主义条件下，随着利用和交换自然力量的扩大，人们开始冲破了狭隘的地域界限，克服了闭关自守的生活状态，开始走向了"世界历史"，同时也走向了世界历史性的自然界。

然而，资本在创造文明的同时，又对自然的存在和发展产生了巨大的破坏作用。在马克思看来，这种破坏作用主要是由资本的本性决定的。资本的本性不是别的，就是最大限度地追求利润，利润的最大化是唯一目标。为了实现这一目标，它可以不顾及任何事物的存在和限制，可以冲破原有的各种关系和平衡，恣意妄为地行事，由此形成了生态上的破坏。因而生态危机的深刻根源就在于资本逻辑自身之中。那么，资本逻辑究竟是怎样对自然形成破坏性作用的？或者说它是以什么样的形式产生破坏性的影响呢？

一是对资源的任意掠夺。由于自然力和资源"不费资本家的分文"，因而资本家为了追逐利润，便无限地吸收和利用自然力和资源，导致对各类资源的盲目开发乃至掠夺。马克思以土地为例作了深刻的证明。他认为，资本主义生产使它汇集在各大中心的城市人口越来越占优势，这样一来，它一方面汇集着社会历史的动力；另一方面又破坏着人和土地之间的物质变换，也就是使人以衣食形式消费掉的土地的组成部分不能回到土地，从而破坏持有肥力的永恒的自然条件。而且，对土地的残酷使用，也对土地本身是一大伤害。尽管这方面的严重后果还未被社会所认识，但马克思已经提出了警告："资本主义农业的任何进步，都不仅是掠夺劳动者的技巧的进步，而且是掠夺土地的技巧的进步，在一定时期内提高土地肥力的任何进步，同时也是破坏土地肥力持久源泉的进步。一个国家，例如北美合众国，越是以大工业作为自己发展的基础，这个破坏过程就越迅速。"① 马克思虽然讲的是资本对"土地肥力持久源泉"的掠夺，实际上这种分析适应于所有自然资源。

二是对生态环境"新陈代谢"的撕裂。在这方面，美国学者福斯特有着独特而系统的阐发。他认为，在研究马克思的自然理论时，必须注意他的"新陈代谢"观点，即资本的发展造成了自然界"新陈代谢"的断裂。事实也确实如此，马克思同样在研究土地问题时把"新陈代谢撕裂"与资本主义制度联系在一起："大土地所有制使农业人口减少到一个不断下降的最低限量，而同他们相对立，又造成一个不断增长的拥挤在大城市中的工业人口。由此产生了各种条件，这些条件在社会的以及由生活的自然规律所决定的物质变换的联系中造成一个无法弥补的裂缝，于是就造成了地力的浪费，并且这种浪费通过商业而远及国外(李比希)。"② 由于土地"无法弥补的裂缝"的出现，最后必然是对土地自然力的极大破坏。在现实发展过程中，"大工业和按工业方式经营的大农业一起发生作用。如果说它们原来的区别在于，前者更多地滥用和破坏劳动力，即人类的自然力，而后者更直接地滥用和破坏土地的自然力，那末，在以后的发展进程中，二者会携手并进，因为农村的产业制度也使劳动者精力衰竭，而工业和商业则为农业提供各种手段，使土地日益贫瘠。"③

三是对人的生活环境的破坏。资本的扩张与发展，不仅造成土地资源和农业生产的衰竭和"裂缝"，而且侵害了城市生活。由于资本的侵入，

---

① 《马克思恩格斯文集》第 5 卷，人民出版社 2009 年版，第 579—580 页。
② 《马克思恩格斯文集》第 7 卷，人民出版社 2009 年版，第 918—919 页。
③ 《马克思恩格斯全集》第 25 卷（下），人民出版社 1974 年版，第 917 页。

工人的劳动发生了异化，同时其生活的环境也发生了严重的异化。在这样的生活环境中，空气、阳光、清洁不再成为他们生活的一部分，反倒是黑暗、污浊、污水成了他们的实际生活环境。

四是对消费的盲目刺激。资本要增殖，就必须要求扩大消费。无论是扩大资本的再生产，还是扩大销售市场，都要以扩大消费为前提。如果资本家不能将生产出来的大量商品卖出去，那么剩余价值就不能得以正常实现，扩大再生产和资本积累就会受到严重障碍。因此，刺激消费，甚至鼓动盲目消费便成了资本增殖的客观需求。在《1857—1858 年经济学手稿》中，马克思对资本的消费需求做过高度概括，并归纳为三点要求："第一，要求在量上扩大现有的消费；第二，要求把现有的消费推广到更大的范围来造成新的需要；第三，要求生产出新的需要，发现和创造出新的使用价值。"① 由于刺激消费，增强了人们的物质欲望，因而造成许多资源和能源的盲目开采以及许多产品的浪费，由此带来资源环境的压力，进而形成生态环境的危机。

总的来说，近代以来生态问题的出现和发展，最根本的原因是资本逻辑的强势推进。诚如有的学者所言，资本是生态危机的"罪魁祸首"。② 当年马克思就说过，"在资本的简单概念中已经潜在地包含着以后才暴露出来的那些矛盾"③，这里所说的"那些矛盾"之一就是资本与资源的矛盾，尤其是资本追求利润的无限性与各种资源有限性的矛盾。资本经济不同于自然经济，仅仅是为了满足人的自然需要，而是为了赢利、追求利润的最大化，这种追求是无止境的。这种无限境的利润追求驱使资本家对自然界无限制地进行开发。然而，人类面对的资源则是有限的，有限的资源是不可再生的。这样一来，就必然使资本的扩张受到内在的限制，形成资本的

---

① 《马克思恩格斯文集》第 8 卷，人民出版社 2009 年版，第 89 页。

② 陈学明：《谁是罪魁祸首——追寻生态危机的根源》，人民出版社 2012 年版。

③ 《马克思恩格斯文集》第 8 卷，人民出版社 2009 年版，第 95—96 页。

追求无限性与资源有限性的尖锐矛盾。如果这一矛盾不能得到妥善解决，任其资本无限扩张，那么，生态就会失去平衡、资源就会趋于枯竭，最后使人类走向毁灭。所以，要消解现代社会生态环境矛盾问题，必须从源头上解决这一矛盾。当代西方生态马克思主义之所以兴起并受世人关注，就在于他们清醒地看到这一问题的症结，并用马克思主义的观点对这一问题作了比较客观、全面的回答。

马克思主义关于资本与自然关系的基本立场、观点对于我们今天处理这一关系也是有重要的方法论意义。这里的关键性问题是如何看待资本？如何看待资本与生态文明的关系？对于这一尖锐问题，国内外学者发表了不少看法，但也存在着比较激烈的争论。在笔者看来，在这一问题上，还是应当坚持马克思主义的基本方法论，对资本及其作用给予辩证地理解和看待。

就资本对生态环境的积极影响来看，必须充分发挥马克思恩格斯当年关于资本对人们认识自然、改造自然作用的论述，在当代也有其现实意义，特别是关于资本创造文明的论述值得我们认真思考。马克思指出："资本的文明面之一是，它榨取这种剩余劳动的方式和条件，同以前的奴隶制、农奴制等形式相比，都更有利于生产力的发展，有利于社会关系的发展，有利于更高级的新形态的各种要素的创造。"① 这些"有利于"充分体现了资本的进步意义，在现阶段，克服生态危机，建设生态文明，客观上需要资本的发展。无论是治理环境污染，还是恢复生态平衡；无论是淘汰落后产业，还是发展生态技术、产业等，都需要一定的资本，不管是国有资本，还是民营资本。没有一定的资本投入，这些问题都无从解决。特别是进入经济发展新常态后，产业结构要转换，要大力发展生态产业，必须相应地加大资本投入，因此，在这里，不是要不要发展资本的问题，而

---

① 《马克思恩格斯文集》第 7 卷，人民出版社 2009 年版，第 927—928 页。

是如何正确运用资本的问题。只要运用得当，资本就会对绿色发展发挥出重大的"文明"效应。在市场经济条件下，我们在生态问题上一定要有这样的意识。

就资本对生态环境的负面影响来看，又需要谨慎对待，资本作为资本，永远不会改变自己的本性。追求利润的最大化，直到今天也是它的首要目标或最终目的。在逐利驱动下，资本的发展往往是盲目的，一旦失去监管，其后果是不堪设想的。尤其是在全球化条件下，任凭资本盲目发展，就会像脱缰的野马一样，很难控制。值得注意的是，当代世界发展还出现了一个新现象，这就是发达国家凭借自己的资本实力，千方百计将传统的落后的产业转移出去，同时也把资源能源的开发利用以及废品垃圾的处理转向发展中国家，这就加剧了世界性的生态不平衡和生态危机，从而引发了全球生态正义问题。总之，资本总是把经济利益放在第一位，它不会考虑和兼顾其他社会利益，当然也不会顾及生态利益。因此，我们既要发展资本，又必须恰当地引导资本，让资本沿着合理的轨道发展。发展社会主义市场经济，无疑需要发挥资本和资本市场的作用，但在发挥过程中又不能完全听任新自由主义，加强资本市场的监管和资本要素的引导是非常重要和必要的。近年来，国际金融危机的爆发以及全球性生态危机的产生，已经向人类敲起了响亮的警钟，无论是发达国家还是发展中国家都开始引起重视，正在制定相应措施加以防范。我们自然需要增强这样的防范意识或风险意识。

要合理地引导资本的发展以有利于生态文明的建设，需要在生产和消费上有一个合理的对待和正确的推进方略。

首先是要使生产合理化。所谓生产合理化，就是指生产的发展应当与生态环境的保护达到一定的平衡。一方面，要加快现代化进程，全面建成小康社会，早日实现"两个一百年"的奋斗目标，必须发展经济，发展现代生产力，因而发展永远是硬道理，是第一要务。另一方面，发展经济、扩大生产又必须以不破坏生态环境为前提，不能为生产而生产。这就是要求正确处理生产发展与环境保护的关系，使二者保持合理的张力。为此，除了应当明确生产的目的之外，重要的是要确立生产的合理导向，即以生态为导向。以生态为导向的发展也就是今天所讲的绿色发展。坚持在生产上以生态为导向，并不是要一味强调生态保护而限制生产发展，而是为了更好地协调生产与自然的关系，以使生产和经济能够得到真正可持续的发展。如果为了一时的发展而盲目生产、过度生产，最后的结果是涸泽而渔，伤害的不仅仅是生产，也不仅仅是自然，而是人本身。在这方面，确实需要树立科学发展观。科学发展观要求我们既要遵循客观规律，即按照事物客体尺度来办事，又要遵循人的发展规律，即按照人的主体尺度来办事，力求做到主客体的统一。应当说，科学发展观的提出，是用我们付出的沉重代价换来的，树立和贯彻这样的发展观是我们必须确立的生态意识和自觉行动。

其次是要使消费合理化。所谓消费合理化，就是指消费的发展应当控制在一定的界限内，使生态与消费形成良性发展。推进生产发展，实现经济又好又快的增长，肯定需要扩大消费，加快消费的增长。没有市场需求，没有消费需求，经济发展就失去了应有的拉力和动力。就此而言，无论是扩大内需还是扩大外需都是非常重要的。但扩大消费并不是鼓励盲目消费、奢侈消费、过度消费。这样的消费不仅败坏了社会风气，而且给生态环境带来了巨大的压力乃至重大的伤害。过度的消费既消耗了大量的物质资源和能源，给生态环境带来严重的破坏，同时助长了生产的盲目发展和任性扩张，加剧了经济与生态关系的紧张。如果过度的消费不能得到有效的遏制，那么生态的问题就不会得到切实的解决。对此，国际社会均有比较广泛的共识。随着"消费社会"的兴起，消费异化的现象日益突出，以致引起许多学者和社会上的普遍关注与反对，抵制消费主义的呼声日益高涨。我们应当充分关注这一发展趋势与动向，自觉抵制消费主义，以合理的消费理念引导经济发展和社会发展。还必须考虑，我国虽然是一个资源大国，但不能看作一个资源强国，人均占有量并不高，如果任其消费盲目发展下去，消费与资源的矛盾将会愈益严重，发展的极限，就会导致严重的生态危机以致社会危机。因此，建设生态文明，必须要求消费合理化。现在随着发展与改革的不断深化，在生态文明的建设上，既要搞好供给侧的改革，同时也不能放松消费侧或需求侧的改革，充分协调好供给与消费的关系这是保证生态文明建设顺利进行的必然途径。

第五章　马克思恩格斯自然观的方法论意义

增强现代生态意识，不仅要关注中外历史上的生态思想资源，更要关注马克思恩格斯关于生态的基本思想、观点。虽然马克思恩格斯还没有遇到像今天这样严重的生态问题，也没有就生态问题进行专门研究并形成系统化的理论，但在其社会历史研究中特别是在对资本主义社会的研究中，还是对自然与生态问题作了大量而深入的阐述，提出了许多独到的见解，形成了颇具特色并具有深刻影响的生态思想。这些生态思想集中体现为马克思恩格斯的自然观。马克思恩格斯的自然观不仅对于分析和把握当代生态问题具有极强的影响力和理论穿透力，而且对于我们确立正确的生态意识，引导生态文明健康发展也有重要价值。对于马克思恩格斯的自然观，固然需要对其内容加以全面、准确的理解，但更为重要的是把握马克思恩格斯看待自然环境的方法论，因为它能更好地体现马克思恩格斯自然观的精髓和灵魂，更有助于对当代生态问题的深刻认识。也正因如此，本章主要集中于马克思恩格斯自然观的方法论及其意义的探讨。

一、"人的解放与发展"的价值指向

马克思恩格斯对自然环境的关注既不同于生态学家的研究，也不同于许多学者关于自然环境的一般评论，而是有其特定的研究目的和意图。简言之，马克思恩格斯对自然环境的关注是和他的理论主题紧密联系在一起的，是为其服务的。马克思主义的理论主题就是无产阶级和人类的解放，是人的自由全面发展。由这一理论主题所决定，马克思恩格斯对自然的关注不可能像自然科学那样仅仅限于自然界本身的研究，也不会像文学家、艺术家、史学家那样从各自学科的视角对自然加以看待、评论，而是将自然的考察聚集于人的解放与发展。关注自然界的发展状况，实质上是关注人的命运、人的自由和发展。因为人的自由和发展涉及两个维度：一个是人与自然的关系，一个是人与人的关系；只有这两种关系都得到合理的解决，才能得到真正的自由和发展。所以，人与自然的关系必然内含于人的解放与发展之中。实现人的解放和自由全面发展，这正是马克思恩格斯研究自然的鲜明价值指向。研究人的问题，之所以要关注自然环境，原因就在于人的存在、发展和人的本质力量的展现都与自然环境状况密切相关。

就人的存在来看，直接受制于自然环境。马克思认为，人既是社会存在物，又是自然存在物。"人直接地是自然存在物。人作为自然存在物，而且作为有生命的自然存在物，一方面具有自然力、生命力，是能动的自然存在物；这些力量作为天赋和才能、作为欲望存在于人身上；另一方面，人作为自然的、肉体的、感性的、对象性的存在物，同动植物一样，是受动的、受制约的和受限制的存在物，就是说，他的欲望的对象是作为不依赖于他的对象而存在于他之外的"①。这就是说，人固然不同于动物，是能动的存在物，但其作为自然存在物，终究不可能摆脱外部"对象"的制约，必须依赖"对象"来存在和生活。人可以改变自然，但最终离不开自然，必须依赖自然来生存和生活。所以，保护自然环境，就是保护人的生存家园。

就人的发展来看，与自然环境状况密切相关。人的发展与人的需要的

① 《马克思恩格斯文集》第 1 卷，人民出版社 2009 年版，第 209 页。

满足是连在一起的。需要满足到什么程度，就意味着人发展到什么程度。一般说来，人的需要尽管表现多种多样，但大致可以划分为两种类型：一类是生存需要，一类是发展需要。生存需要主要是物质需要，即对物质必需品的需求，如粮食、蔬菜、水果、水等生活必需品。这类需要的满足与自然环境的关系显然是一目了然的。假如食物和水源受到污染或严重短缺时，此类需要就不可能得到满足。发展需要主要指物质需要以外的需要，或必要需要之外的需要，主要包括精神文化需要、安全需要、自我实现的需要等①。这类需要看似没有物质需要与自然环境关系那么直接，但其满足同样离不开良好的自然环境。如清洁的空气、清洁的水源、优美的环境等，既是人们精神上的需要，也是安全上的需要，更是实现美好生活的需要。如果生态环境、水源、空气出了问题，很难有什么精神上、安全上的满足感。人只有在这些需要的满足过程中才能得到发展。

就人的本质力量的形成和展现来看，不能离开对象化的自然环境。人的本质力量不是生来就有的，而是在活动中历史形成的。"工业的历史和工业的已经产生的对象性的存在，是一本打开了的关于人的本质力量的书。"② 在现实发展过程中，人的本质力量主要体现在"对象化"。对象"是表现和确证他的本质力量所不可缺少的"，"说人是肉体的、有自然力的、有生命的、现实的、感性的、对象性的存在物，这就等于说，人有现实的、感性的对象作为自己的本质即自己的生命表现的对象；或者说，人只有凭借现实的、感性的对象才能表现自己的生命"③。这里所讲的"对象"当然包括改造过的自然界，这样的自然界就体现的是人的本质力量的发展状况。良好的自然环境，是对人的本质力量的积极肯定。人的生命和本质

①　美国心理学家亚伯拉罕·马斯洛曾将人类需求像阶梯一样从低到高按层次分为五种，分别为：生理需求、安全需求、社交需求、尊重需求和自我实现需求。

②　《马克思恩格斯文集》第 1 卷，人民出版社 2009 年版，第 192 页。

③　《马克思恩格斯文集》第 1 卷，人民出版社 2009 年版，第 209—210 页。

力量就是在良好的自然环境中来延续和发展的。

正因为人的各种问题都是和自然环境连在一起的，所以研究人的问题不可能离开自然环境的考察。正是按照这样的宗旨和价值指向，马克思在其众多著述中，主要是围绕人的解放和发展来考察和评论自然环境的。纵观马克思一生关于自然的研究，尽管谈论的角度不同，针对的问题不同，但其价值指向和服务的主题则是首尾一贯的。从其关于自然的论述中，可以发现其中深刻的人学内涵。

马克思最早对自然的关注和考察，是从博士论文开始的。从其论文题目《德谟克利特的自然哲学和伊壁鸠鲁自然哲学的差别》就可以看出马克思对自然的关注。这里讲的哲学就是自然哲学。尽管这里所说的自然不完全等于我们今天所讲的自然界，而是有其较为广泛的含义，但其论域仍属于自然界。马克思为什么要把德谟克利特与伊壁鸠鲁的自然哲学作为研究对象？其实，马克思并不是要发思古之幽情，也不是要澄清两位古代哲学家原子论的原委、各自的优劣，而是借助于两位哲学家自然哲学的比较，阐发其关于自由的思想。在当时的德国思想界，普遍流行一种观念，认为古希腊哲学到亚里士多德那里达到了顶峰，而后到了晚期则是江河日下，走向衰落，伊壁鸠鲁的原子论充其量不过是对德谟克利特原子论的抄袭和庸俗化。马克思认为这是一种偏见，通过两种原子论关于质料与形式、直线与偏斜、必然与偶然、定在与自由等关系不同观点的考察，马克思肯定了伊壁鸠鲁原子论的基本看法，同时借机阐述了自己关于自由的思想。肯定原子运动的形式、偶然、偏斜的作用，实际上就突出了自由的价值。原子论和自然观服务于自由观在这里得到最为明显的体现。

在其早期，马克思谈论自然较多的是《1844 年经济学哲学手稿》（以下简称《手稿》）。《手稿》的中心，是异化劳动理论的阐发。而马克思关于自然的观点，就是和异化劳动理论联系在一起的。马克思在谈论人的异化时，不仅包括劳动异化，同时也涉及自然异化。所谓自然异化，就是人在其活动中所形成的自然力量和对象化产品不是肯定自己，而是否定自己，自然力量和对象化产品成为一种异己的力量与人相对立。本来，"在人类历史中即在人类社会的产生过程中形成的自然界是人的现实的自然界；因此，通过工业——尽管以异化的形式——形成的自然界，是真正的、人类学的自然界"①。然而，在异化劳动条件下，"人的类本质，无论是自然界，还是人的精神的类的能力，都变成了对人来说是异己的本质，变成了维持他的个人生存的手段。异化劳动使人自己的身体同人相异化，同样也使在人之外的自然界同人相异化，使他的精神本质、他的人的本质同人相异化。"② 在这种状态下，自然界不是表现为人的作品和人的现实，而是表现为对人的疏离与排斥，这就是人与自然的严重异化。

对于自然异化的看法，马克思在《手稿》中通过对土地异化的分析讲得更为清楚，因为土地异化是自然异化的突出表现。在马克思看来，土地异化实际上反映了人与土地关系的蜕变，而这种关系的改变主要是通过大地产的出现、地产的分割和垄断以及农民的流离失所来实现的。马克思认为，地产的竞争和垄断，加剧了土地与人的异化，"在这种竞争中，地产必然以资本的形式既表现为对工人阶级的统治，也表现为对那些因资本运动的规律而破产或兴起的所有者本身的统治。从而，中世纪的俗语'没有无领主的土地'被现代俗语'金钱没有主人'所代替。后一俗语清楚地表明了死的物质对人的完全统治"③。从历史上看，这种土地异化在资本主义社会之前就已出现，如封建地产就是一种土地异化。封建领主用土地来统治农民，就是土地异化的典型表现。而到了资本主义社会，这种土地异化发展到了更为完善的程度。地产与资本的结合，大大加剧了这种异化。马克思认为，资产阶级在表面上反对地产制度的同时却在其发展的关键时期

①　《马克思恩格斯全集》第 42 卷，人民出版社 1979 年版，第 128 页。

②　《马克思恩格斯文集》第 1 卷，人民出版社 2009 年版，第 163 页。

③　《马克思恩格斯文集》第 1 卷，人民出版社 2009 年版，第 151—152 页。

依赖于地产制度，变本加厉地通过对土地的统治来实现对人的统治。大地产在把绝大多数人口推进工业怀抱的同时，把工人压榨到完全赤贫的程度。在资本主义社会中，大地产在土地垄断过程中的作用，即在土地异化过程中的作用，"同资本对金钱的统治作用相类似"，即"死的物质"对绝大多数人的统治。

自然异化不光产生于农业和大地产领域，而且产生于城市之中。对于城市的异化，马克思在《手稿》中通过城市污染的描述给予了深刻的揭露："甚至对新鲜空气的需要也不再成其为需要了。人又退回到洞穴中居住，不过这洞穴现在已被文明的污浊毒气所污染。而且他在洞穴中也是朝不保夕，仿佛这洞穴是一个每天都可能离他而去的异己力量，如果他付不起房租，他每天都可能被赶走。他必须为这停尸房支付租金。明亮的居室，这个曾被埃斯库罗斯笔下的普罗米修斯称为使野蛮人变成人的伟大天赐之一，现在对工人来说已不再存在了。光、空气等等，甚至动物的最简单的爱清洁习性，都不再是人的需要了。肮脏，人的这种堕落、腐化，文明的阴沟（就这个词的本义而言），成了工人的生活要素。完全违反自然的荒芜，日益腐败的自然界，成了他的生活要素。"① 从这样的描述中可以看出，自然的异化给工人带来的后果是非常悲惨的，它使工人丧失掉了最基本的生活要素，人重新沦为动物。

自然异化究竟是如何产生的？马克思认为，主要是由私有财产造成的。私有财产不仅是劳动异化而且是自然异化的真正根源。一旦把自然物变成私有财产，便会使自然物变成一种独立的东西，与人相对立。换言之，一旦私有财产控制了自然，自然也就会随之变为与人异己的对象，产生异己的力量。人与自然的对立说到底是私有财产制度与自然的对立。对此，马克思在其《论犹太人问题》中说得更清楚："在私有财产和金钱的

① 《马克思恩格斯文集》第 1 卷，人民出版社 2009 年版，第 225 页。

统治下形成的自然观，是对自然界的真正的蔑视和实际的贬低"①。既然自然异化是由私有财产制度造成的，那么消除自然异化也就必须以消除私有财产制度为前提。如何消除私有财产制度？马克思在《手稿》中提出通过"联合"的方式来实现，即使"联合"应用于土地，在农业生产中实行"联合"。"联合一旦应用于土地，就享有大地产在经济上的好处，并第一次实现分割的原有倾向——平等。同样，联合也就通过合理的方式，而不再借助于农奴制度、老爷权势和有关所有权的荒谬的神秘主义来恢复人与土地的温情脉脉的关系，因为土地不再是买卖的对象，而是通过自由的劳动和自由的享受，重新成为人的真正的自身的财产。"② 通过"联合"消除了自然异化的社会，实际上就是共产主义社会，因为只有在这样的社会中，才能真正实现各种各样的联合。

在其中期，马克思主要是在《资本论》及其手稿中谈论自然问题的。《资本论》的研究对象，毫无疑问是"资本主义生产方式以及和它相适应的生产关系和交换关系"③，但如马克思自己所说，研究物的关系恰好是要揭示背后人的关系，"物"的研究是为"人"的研究服务的。《资本论》的宗旨，就是力图通过对物的关系的研究即对资本主义生产关系、交换关系的研究，揭示资本主义经济关系的内在联系及其发展趋势，为工人阶级和人类解放指出具体的途径和道路，以实现人的自由全面发展。马克思正是在这样的目标追求和价值指向下来谈论自然问题的。

说到人的发展，马克思在《资本论》手稿中提到两种目的：一种是外在目的，一种是内在目的。所谓外在目的，就是由某种利益追求所规定的目的，或者工人由外在的强制性所规定的目的，如为满足肉体生存需要的目的。在资本主义条件下，工人不得不为生存需要而劳动，这种目的对于

---

① 《马克思恩格斯文集》第 1 卷，人民出版社 2009 年版，第 52 页。
② 《马克思恩格斯全集》第 42 卷，人民出版社 1979 年版，第 85—86 页。
③ 《马克思恩格斯文集》第 5 卷，人民出版社 2009 年版，第 1 页。

工人来说完全是外在的。马克思指出："在资产阶级经济以及与之相适应的生产时代中，人的内在本质的这种充分发挥，表现为完全的空虚化；这种普遍的对象化过程，表现为全面的异化，而一切既定的片面目的的废弃，则表现为为了某种纯粹外在的目的而牺牲自己的目的本身。"① 所谓内在目的，就是以"超出对人的自然存在直接需要的发展"为目的②，以"发展不追求任何直接实践目的的人的能力和社会的潜力（艺术等等，科学）"为目的③，或者说，"不以旧有的尺度来衡量的人类全部力量的全面发展成为目的本身"④。两种不同的目的决定了对待自然的两种不同的行为取向。由外在目的所驱使，为了满足物的需要，必然是对自然的过度开发，最后造成的结果是自然环境的破坏。特别是资本家为了赢利的目的，绝对不会顾及自然生态的问题，结果如马克思所说，"为了某种纯粹外在的目的而牺牲自己的目的本身"。⑤ 由内在目的所决定，必然是合理对待人与自然的关系，使自然有助于人的自由全面发展。在资本主义社会，人的发展的内在目的完全让位于外在目的，自然环境的发展也完全服从于资本的需要，因而必然引起人与自然的严重失衡。

对于资本主义条件下工人的生活环境、工作环境，马克思也在好多地方作过详细的描述和揭露。如在分析资本主义生产过程中，对工人工作环境的描述采用了大量数据分析和实证案例，这些数据和案例均来自当时的各种报告和相关报道。"在这里我们只提一下进行工厂劳动的物质条件。人为的高温，充满原料碎屑的空气，震耳欲聋的喧嚣等等，都同样地损害人的一切感官，更不用说在密集的机器中间所冒的生命危险了。"⑥ 这样的

---

① 《马克思恩格斯文集》第 8 卷，人民出版社 2009 年版，第 137—138 页。
② 《马克思恩格斯全集》第 47 卷，人民出版社 1979 年版，第 216 页。
③ 《马克思恩格斯全集》第 47 卷，人民出版社 1979 年版，第 215 页。
④ 《马克思恩格斯文集》第 8 卷，人民出版社 2009 年版，第 137 页。
⑤ 《马克思恩格斯文集》第 8 卷，人民出版社 2009 年版，第 138 页。
⑥ 《马克思恩格斯文集》第 5 卷，人民出版社 2009 年版，第 490 页。

劳动条件固然节约了资本，但它是以牺牲工人正常生活条件为代价的。"这种节约在资本手中却同时变成了对工人在劳动时的生活条件系统的掠夺，也就是对空间、空气、阳光以及对保护工人在生产过程中人身安全和健康的设备系统的掠夺，至于工人的福利设施就根本谈不上了。傅立叶称工厂为'温和的监狱'难道不对吗？"① 生活环境、工作环境的恶劣，不仅掠夺的是工人的生活条件和健康，而且造成伦理道德、社会风气的败坏。在恶劣的住所和环境下，人们首先求的是生存，尊严和道德也就无所顾忌了。马克思引用一份关于英国一家砖瓦工场的报告说明了这样的情况："通过制砖工场这座炼狱，儿童在道德上没有不极端堕落的……他们从幼年起就听惯了各种下流话，他们在各种卑劣、猥亵、无耻的习惯中野蛮无知地长大，这就使他们日后变成无法无天、放荡成性的无赖汉……他们的居住方式是道德败坏的一个可怕根源。"②

可以看出，马克思无论是关于自然环境还是工作环境、生活环境的分析，都是同人的问题结合在一起的。正是出于对资本主义条件下工人阶级和人类命运的深刻关切，马克思对自然问题予以高度关注。因为人的解放不可能离开自然的解放，只要自然的发展还处于异化状态，只要人与自然的关系还没有得到合理的发展，那么要谈人的解放和自由全面发展，只能是一句空话。

在其晚期，马克思主要是在两大笔记和一些书信中谈论自然问题的。两大笔记通常称为"人类学笔记"和"历史学笔记"，书信主要包括马克思给《祖国纪事》杂志编辑部的信、查苏得奇的信以及和恩格斯的通信。人类学笔记和历史学笔记虽然考察的是古代、近代的社会历史问题、文明的起源和发展问题等，但都程度不同地涉及自然环境和条件，因而有不少

---

① 《马克思恩格斯文集》第 5 卷，人民出版社 2009 年版，第 491—492 页。
② 《马克思恩格斯文集》第 5 卷，人民出版社 2009 年版，第 534 页。

相关论述。晚年的书信主要讨论的是俄国公社的发展及其前途命运的问题，同样涉及自然环境和条件，有其独特的阐述。为什么两大笔记和书信要对自然环境和条件予以关注呢？原因很多，但最为根本的原因在于对人类发展状况及其前途命运的关切。尤其是关于俄国公社的通信，核心问题是能否免受"资本主义制度的一切苦难"或"资本主义制度所带来的一切极端不幸的灾难"①。正是出于对俄国公社民众命运的关切，马克思反复考察俄国公社的发展，提出了"跨越"的设想，并为此讨论了自然环境与条件的问题。因为俄国公社能否实现跨越，既同公社制度、公社构成、发展方式、对外交往等直接相关，同时也同自然环境及其利用的因素有关。马克思认为，俄国公社之所以有可能实现跨越发展，除了公社还保持一定的公有制、公社结构保存完好、可以利用世界上"肯定的成就"外，公社所处的自然环境也很重要。如"俄国土地的天然地势，适合于利用机器进行大规模组织起来的、实行合作劳动的农业耕种"②。这样的天然地势不仅适于大规模使用机器，而且有利于实行劳动组合和集体经营。"俄国农民习惯于劳动组合关系，这有助于他们从小地块劳动向集体劳动过渡，而且，俄国农民在没有进行分配的草地上、在排水工程以及其他公益事业方面，已经在一定程度上实行集体劳动了。"③ 在看到这些有利自然条件的同时，马克思也看到这些自然条件正在遭受破坏。因为自 1861 年俄国农奴制改革以来，俄国沙皇对农民的剥削、压迫不仅没有减轻，反而加重。"由于农民的困苦状况，地力已经耗尽而变成贫瘠不堪。丰年和荒年互相交替。最近十年的平均数字表明，农业生产不仅停滞，甚至下降。"④ 这样的状况显然不利于公社的正常维持以至跨越发展。也正因此，马克思始终没有对

---

① 《马克思恩格斯全集》第 19 卷，人民出版社 1963 年版，第 129 页。
② 《马克思恩格斯全集》第 19 卷，人民出版社 1963 年版，第 438 页。
③ 《马克思恩格斯文集》第 3 卷，人民出版社 2009 年版，第 578 页。
④ 《马克思恩格斯全集》第 19 卷，人民出版社 1963 年版，第 440 页。

俄国公社的跨越问题作出明确的答复。在这里，马克思主要不是依据自然环境来考虑俄国公社发展命运的，但其又没有完全排除自然因素的作用，其研究彰显了自然因素在社会发展中的重要意义。

总的说来，马克思恩格斯毕生对于自然环境的关注，是和马克思主义的理论主题和价值指向完全一致的。研究自然是为了更好地理解和把握人的生存与发展。今天，我们研究自然环境和生态问题，应当突出马克思主义所确立的主题和价值指向，坚持"以人民为中心"，从提高人民福祉、促进人的全面发展来看待和解决生态环境问题，从"以人为本"的高度来增强生态意识。这正是马克思恩格斯自然观给我们显示的重要方法论意义。

二、整体性的研究视野

马克思恩格斯研究自然的一大特点，在于不是孤立地看待自然，而是用整体性的视角来考察自然。所谓整体性的视角和方法，就是将自然纳入世界的总体联系中来予以审视。马克思恩格斯在其著述中所经常讲的世界，主要不是抽象的、超验的世界，而是现实的世界。所谓现实世界，就其构成来说，是由自然、社会和人组成的；或者说，现实世界就是"自然—人—社会"构成的世界。在现实世界中，自然作为其中一个重要组成部分，无疑在现实世界的发展中具有重要作用。用整体性的方法来研究自然，就是要揭示自然在现实世界整体中的地位和作用，阐明自然对社会和人的实际影响，从而给予自然正确的认识，引导人们行为合理地发展。事实上，用整体性的方法来研究自然，这也是正确认识自然所必需，因为离开整体性的认识，很难透彻把握自然及其影响。"管中窥豹"，其实连一斑也难以认识，道理就在于此。

整体性研究方法的理论基础，就在于自然史与人类史的统一。说到历史，马克思恩格斯在《德意志意识形态》中讲过这样一段非常有名的话："我们仅仅知道一门唯一的科学，即历史科学，历史可以从两方面来考察，可以把它划分为自然史和人类史，但这两方面是不可分割的，只要有人存在，自然史和人类史就彼此相互制约。"① 在此之前，马克思还在《1844 年经济学哲学手稿》中讲过另一段与此相似的话："历史本身是自然史的一个现实部分，即自然界生成为人这一过程的一个现实部分。自然科学往后将包括关于人的科学，正像关于人的科学包括自然科学一样：这将是一门科学。"② 这些话实际上都说的是一个意思：不管是自然史还是人类史，不管是自然科学还是人的科学，都属于一门科学，即历史科学。在统一的历史科学中，自然史与人类史是不可分割的，因为二者是相互渗透、相互影响的。一方面，人类史来自于自然史，没有自然也就没有人类，人类是自然界长期演化发展的结果；另一方面，人类史又深刻地影响到自然史，使自然史深深打上人的烙印，二者就是在这样的交织互动过程中发展延续的。自有人类以来，自然史和人类史确实不是完全孤立发展的，而是密切联系在一起的，因而研究历史不能仅仅研究自然或者仅仅研究人，而是需要一个总体性的把握。马克思恩格斯对自然的研究，就是坚持的这样一种大历史观，用大历史观来看待和考察自然。

马克思恩格斯的整体性研究方法主要是通过这些观点和方法具体体现出来的：

一是无机与有机的统一。马克思在考察自然问题时，特别注重用"机体"的话语来表述，以此说明自然界与人的内在关联。马克思认为，人来自自然界，人的生存离不开自然界，自然界是"人的无机的身体"。"自然

---

① 《马克思恩格斯文集》第 1 卷，人民出版社 2009 年版，第 516 页。
② 《马克思恩格斯文集》第 1 卷，人民出版社 2009 年版，第 194 页。

界，就它自身不是人的身体而言，是人的无机的身体。人靠自然界生活。这就是说，自然界是人为了不致死亡而必须与之处于持续不断的交互作用过程的、人的身体。所谓人的肉体生活和精神生活同自然界相联系，不外是说自然界同自身相联系，因为人是自然界的一部分。"① 自然界之所以成为"人的无机的身体"，就在于它是人类生存的前提条件，人不可能离开自然界独自生活。"人的普遍性正是表现这样的普遍性，它把整个自然界——首先作为人的直接的生活资料，其次作为人的生命活动的对象（材料）和工具——变成人的无机的身体。"② 正因为自然界是人的无机的身体，因而人必须保护自然界，保护自然界也就是保护自己。

自然既是人的无机的身体，也可以向人的有机身体转化，即无机向有机的转化。这种转化的机制就在于人的物质生产活动。在这种活动中，人通过认识和利用自然界，创造出新的工具和手段，可以扩展和延长人的自然器官。自然事物一经变成特殊的人造器官，便可极大增强人的体力和智力，进而增强人的总体能力。不仅如此，在其活动中，人通过与自然界的物质能量变换，通过新陈代谢，通过吸收大自然的各种养分，可以变为自己身体有机的成分，从而使无机变为有机。所以，在现实生活中，人的生命是与自然界"相依为命"的，就如同植物和太阳互为对象性的存在一样，"太阳是植物的对象，是植物所不可缺少的、确证它的生命的对象，正像植物是太阳的对象，是太阳的唤醒生命的力量的表现，是太阳的对象性的本质力量的表现一样"③。

不仅人与自然是一个统一的机体，而且社会本身也是一个有机体。马克思在写作《资本论》时明确指出："现在的社会不是坚实的结晶体，而

---

① 《马克思恩格斯文集》第 1 卷，人民出版社 2009 年版，第 161 页。
② 《马克思恩格斯文集》第 1 卷，人民出版社 2009 年版，第 161 页。
③ 《马克思恩格斯文集》第 1 卷，人民出版社 2009 年版，第 210 页。

是一个能够变化并且经常处于变化过程中的有机体。"① 既然社会是一个有机体而不是一个结晶体，那么它就是不断成长发育的，或者说是发展变化的。如现代资本主义社会的发展就是这样，"这种有机体制本身作为一个总体有自己的各种前提，而它向总体的发展过程就在于：使社会的一切要素从属于自己，或者把自己还缺乏的器官从社会中创造出来。有机体制在历史上就是这样向总体发展的。它变成这种总体是它的过程即它的发展的一个要素。"② 作为一个有机体，社会的发展总是有其特定的自然前提和物质前提，总是在这样的前提和条件中发展、推进的。如资本主义的生产方式也不是凭空产生的，而是在之前的土地耕作方式和土地所有权制度发展过来的，"甚至按性质来说是直接生存源泉的土地耕作，也变成了纯粹依存于社会关系的间接生存源泉……只有这样，科学的应用才有可能，全部生产力才能发展"③。这就是说，社会有机体的发展不能离开特定的自然前提，只能是在这种前提的基础上不断实现变革。社会机体的发展不仅依赖于各种前提，而且必须完善自身机体的"器官"，因为只有器官的完善，才有整个机体的健康发展。正因如此，社会机体要不断"把自己还缺乏的器官从社会中创造出来"。这种情况非常类似于生物进化，如马克思所说："达尔文注意到自然工艺史，即注意到在动植物的生活中作为生产工具的动植物器官是怎样形成的。社会人的生产器官的形成史，即每一个特殊社会组织的物质基础的形成史，难道不值得同样注意吗?"④ 事实上，不管什么样的生产器官，其产生和完善都离不开自然的因素。正是在认识和利用自然的过程中，生产的各种器官不断形成和健全起来的。

马克思不仅把社会看作一个有机体，而且特别强调劳动生产系统是一

① 《马克思恩格斯文集》第 5 卷，人民出版社 2009 年版，第 10—13 页。
② 《马克思恩格斯全集》第 46 卷（上），人民出版社 1979 年版，第 235—236 页。
③ 《马克思恩格斯全集》第 46 卷（上），人民出版社 1979 年版，第 234 页。
④ 《马克思恩格斯文集》第 5 卷，人民出版社 2009 年版，第 429 页。

个有机体。在《资本论》中，马克思就是用生物机体的语言来表述和分析劳动生产系统及其各个要素的。马克思指出，劳动过程是由劳动本身、劳动对象和劳动资料这三个基本要素组成的。劳动资料的结构比较复杂，包括直接作用于劳动对象的生产工具系统，马克思将其称为"骨骼系统"和"肌肉系统"；还包括为产品的运输、贮藏和其他目的所必需的辅助性的劳动资料，马克思将其称为"脉管系统"。"骨骼系统"比"脉管系统"更为根本，因为生产工具是劳动资料的主干，新的生产工具的发明，也就是新的生产力的出现。劳动对象分为两大类，一类是没有经过加工的自然物，另一类是经过加工的物体，通称为原材料。劳动对象是物质生产的前提，对生产工具有直接的制约作用，同时直接影响到整个生产力的发展水平，所以马克思指出，使劳动有较大生产力的自然条件，可以说是"自然的赐予、自然的生产力"①。不管是劳动资料还是劳动对象，都离不开自然界。一旦脱离与自然界的联系，劳动生产系统也就陷于瘫痪，经济无法运行。

二是自然与社会的统一。这是整体性研究方法的又一体现。马克思从来没有离开社会孤立地研究自然，也没有完全离开自然来抽象地谈论社会。在马克思看来，自然与社会并不存在不可逾越的鸿沟，二者是内在贯通的。一方面，社会历史就是在改造自然的过程中形成和发展起来的，没有人对自然界的利用和改造，也就没有人类历史。另一方面，自然自有人类以来就不完全是单独演化发展的，而是深深打上人的烙印，受到人类社会的影响。因此，自然与社会不是彼此分离的，而是相互渗透、相互作用的，脱离自然的社会或脱离社会的自然都是不可想象的，是非现实的。正是基于这样的认识，马克思既从历史考察自然，又从自然考察历史，从而建立起的是统一的"自然—社会"观。

马克思恩格斯认为，人与自然的关系是受社会影响的。人要生存、发

---

① 《马克思恩格斯全集》第26卷（第1册），人民出版社1972年版，第22页。

展，不可能割断与自然的联系，必须依赖自然界来生活。但是，这种联系只有在社会中才能建立起来，只有通过社会才能建立起与自然的实质性联系，同时建立人与人之间的联系。"自然界的人的本质只有对社会的人说来才是存在的；因为只有在社会中，自然界对人说来才是人与人联系的纽带，才是他为别人的存在和别人为他的存在，才是人的现实的生活要素；只有在社会中，自然界才是人自己的人的存在的基础。只有在社会中，人的自然的存在对他说来才是他的人的存在，而自然界对他说来才成为人。"①正因为社会在人与自然之间架起了桥梁和纽带，使自然界成为人存在的基础，因而"社会是人同自然界的完成了的本质的统一，是自然界的真正复活，是人的实现了的自然主义和自然界的实现了的人道主义"②。

用"自然—社会"观来审视自然与社会，必然要求对其作出新的理解和把握。自然不同于社会，这是最起码的常识。但是，自然与社会的界限也是相对的。在现实发展过程中，纯而又纯的自然界或人类社会都是没有的。社会的存在和发展固然离不开自然界，而自然界的发展也无论如何不可能摆脱社会的影响，尤其是进入人们活动范围的自然界，社会的影响更大。田野、山水、森林、草地、江湖等无疑是自然物，同时它们又属于劳动对象、生活资料来源之列，构成社会生活的自然基础和重要来源。它们既有自然的特征，又有社会的特征。由此可以明白，不能把自然界看成是与人和社会无关的自然存在物，对其研究也不能仅仅从自然科学的角度来考察。当然，强调这一点，也不能走到另一极端，即把自然只看作是一个社会概念。尽管随着人的活动的扩展，自然界日益进入社会生产过程，参与社会生活，但其毕竟是自然界，社会不能也不可能囊括自然环境。这里旨在说明的是，对于自然不能脱离社会加以抽象地理解。由于自然环

---

① 《马克思恩格斯全集》第 42 卷，人民出版社 1979 年版，第 122 页。
② 《马克思恩格斯文集》第 1 卷，人民出版社 2009 年版，第 187 页。

境、自然因素是和社会因素结合在一起的，因而它们的存在和发展也是复杂的：既受自然规律的支配，也受社会规律的支配；既是自然现象，也在某种程度上是社会现象。这样一来，对待自然因素就不能进行纯自然的研究，而应当予以综合的考量。

自然与社会的联系往往是动态发展的。自然环境一方面是作为社会历史的前提，另一方面又成为社会历史的结果，二者是相互影响、相互作用的。任何社会都是在一定的自然环境中存在和发展的，特定的自然条件和环境成为它必须面对的现实，是它存在和发展的前提。但是，这种前提并不是固定不变的，随着社会历史和人们活动的深入发展，这种前提又是改变的，又成为社会历史的结果。前提与结果就是在历史进程中相互作用、相互转化的，即前提变为结果，结果又变为前提。伴随这种转化的不断发展，自然环境也在不断得到改造，不断走向进化和发展。因此，不能把自然环境简单地看作是社会之外的"外部环境"，应当将其看作社会历史发展须臾不离的条件和因素。正如离开人不能谈论社会一样，离开自然也不能谈论社会。二者就是这样融为一体的。

三、实践唯物主义的阐释路径

在马克思恩格斯之前，唯物主义自然观已经经历漫长的发展，较有代表性的是古代朴素的自然观和近代以来的机械唯物主义自然观。前者是用朴素的观点来解释自然，后者是用机械论的观点来解释自然。二者尽管各有其特点，但均有着不可克服的理论局限，共同的缺点就是在自然的解释上的两大分离，即唯物论和辩证法的分离、自然观和历史观的分离。与此相反，以黑格尔为代表的唯心主义，则是作出另一番解释。如黑格尔认为，自然是理念的异在或外在化，"自然是作为他在形式中的理念产生出来的"①，自然界是自我异化的精神。其理论缺陷也是显而易见的："儿子生出母亲，精神产生自然界，基督教产生非基督教，结果产生起源。"②马克思恩格斯在自然观上的一大变革，就是将实践观引入自然观，用实践的观点认识和理解自然，从而克服了以往旧哲学自然观的局限，实现了自然观上的一场革命。

对于自然观，马克思在其《关于费尔巴哈的提纲》的第一段话中就表明了他的基本立场："从前的一切唯物主义（包括费尔巴哈的唯物主义）的主要缺点是：对对象、现实、感性，只是从客体的或者直观的形式去理解，而不是把它们当做感性的人的活动，当做实践去理解，不是从主体方面去理解。因此，和唯物主义相反，唯心主义却把能动的方面抽象地发展了，当然，唯心主义是不知道现实的、感性的活动本身的。"③这里显示的实践观，是马克思主义哲学最基本、最为核心的观点，它同以往一切旧哲学划清了界限。这一观点贯穿于马克思主义哲学各个领域，当然也贯穿于自然观。马克思恩格斯的自然观就是建立在实践观基础之上，并主要用实践观予以理解和阐释的。

马克思恩格斯认为，处于现实世界中的自然界主要不是无关的自在自然，而是深深打上主体烙印的人化自然。现在人们面对的感性世界，决不是那种开天辟地以来就有的原始的自然物，而是工业和社会状况的产物，是历史的产物，是世世代代活动的结果。人类长期用自己的实践活动，改变了自然界的原有形态，因而人类总体说来生活于人化的自然界。现实的自然界，就是与人类活动相联系并在人类历史发展过程中形成的自然界。在人周围的感性世界中没有留下人们或多或少印记的地方，几乎难以找到。即使是一些原始的自然物第一次进入人的视野，也是借助实践并且只

---

① ［德］黑格尔：《自然哲学》，梁志学、薛华等译，商务印书馆 1980 年版，第 19 页。
② 《马克思恩格斯全集》第 2 卷，人民出版社 1957 年版，第 214 页。
③ 《马克思恩格斯文集》第 1 卷，人民出版社 2009 年版，第 499 页。

有通过实践才有可能。所以，自然界本质上也是实践的，实践是包括自然界在内的整个现存感性世界的非常深刻的基础。旧唯物主义把自然界看成了与人无关的独立存在，看起来很"唯物"，实际上并没有了解自然界的真正本性。只有从实践方面，才能对自然界有一个真实的理解。

在《德意志意识形态》中，马克思恩格斯多次批判费尔巴哈的自然观，但对它的批判，主要不是自然观上的所谓"形而上学性"即客观物质性，而是把自然和历史相割裂的特性，并深刻地指出旧唯物主义所理解的自然界实际上是与人的活动无关的自然界，即"先于人类历史而存在"的自然界。实际上，"先于人类历史而存在的那个自然界，不是费尔巴哈生活于其中的自然界；这是除去在澳洲新出现的一些珊瑚岛以外今天在任何地方都不再存在的、因而对于费尔巴哈来说也是不存在的自然界"。① 由于这样理解的自然界是与历史完全分离的，因而形成的自然界也是片面的、肤浅的。对此，马克思恩格斯深刻地指出了费尔巴哈唯物主义的不彻底性："当费尔巴哈是一个唯物主义者的时候，历史在他的视野之外；当他去探讨历史的时候，他不是一个唯物主义者。在他那里，唯物主义和历史是彼此完全脱离的。"② 这种自然观的弊端是显而易见的，它既妨碍正确地认识自然，也妨碍正确地认识历史。

可以看出，马克思主义的"新唯物主义"同以前的旧唯物主义的区别，就在于根本立场的转变，即实践观的确立，或实践唯物主义的确立。旧唯物主义不但把人类社会抽象化，同时也把自然抽象化，从而导致了自然与历史的对立。马克思主义的"新唯物主义"则是站在人类社会的立场上，从人的实践活动出发研究整个世界，包括人类实践改造对象的自然，从而建立起自己的科学的历史观。这样的历史观就包含了人与自然的关系即实

---

① 《马克思恩格斯文集》第 1 卷，人民出版社 2009 年版，第 530 页。
② 《马克思恩格斯文集》第 1 卷，人民出版社 2009 年版，第 530 页。

践唯物主义的自然观。这在理论上是一个重要的变化，即从根本上否定了脱离人、脱离人的活动来研究自然、建立"纯粹"自然观的企图，把自然界拉回到人的现实世界。因为对人的生存和发展来说，最有意义的还是人的实践和认识的触角所涉及的自然界。突出实践对自然的作用，实际上就是突出了对人的世界的关注。

需要指出的是，马克思恩格斯一方面突出了实践在现实自然界形成和发展的重要作用，即"人化"的作用，另一方面又对实践的盲目发展持谨慎的态度。在《德意志意识形态》中，马克思恩格斯曾针对费尔巴哈在自然界问题上把存在与本质相混淆的观点，用举例的方式表明了这样的态度。对费尔巴哈来说，存在即本质，二者之间是不允许矛盾的。费尔巴哈实际上是将自然抽象化，没有注意到现实的异化。马克思指出："鱼的'本质'是它的'存在'，即水。河鱼的'本质'是河水。但是，一旦这条河归工业支配，一旦它被染料和其他废料污染，河里有轮船行驶，一旦河水被引入只要把水排出去就能使鱼失去生存环境的水渠，这条河的水就不再是鱼的'本质'了，它已经成为不适合鱼生存的环境。"[1] 马克思在这里指向的就是这样一种事实：鱼的存在在某种意义上被人类实践的结果所异化。因而存在与本质不一致，就是存在被人的实践所异化。这就是实践的负面效应。对于人的盲目实践所造成的破坏性后果，马克思在许多地方都给予深刻的揭露。如鉴于波斯、美索不达米亚、希腊滥伐森林而造成的毁灭性后果，马克思指出："结论是：耕作如果自发地进行，而不是有意识地加以控制……接踵而来的就是土地荒芜……"[2]。恩格斯有关这方面的论述更多，如谈到德国的状况时就写道："日耳曼人移入时期的德意志'自然界'，现在剩下的已经微乎其微了。

---

[1] 《马克思恩格斯全集》第 42 卷，人民出版社 1979 年版，第 369 页。
[2] 《马克思恩格斯全集》第 32 卷，人民出版社 1974 年版，第 53 页。

地球的表面、气候、植物界、动物界以及人本身都发生了无限的变化，并且这一切都是由于人的活动，而德意志的自然界在这一时期未经人的干预而发生的变化，简直微小得无法计算。"①

　　既然人的实践对自然界的存在和发展有可能产生不同的效应，那就要求对实践及其后果予以正确地对待。为此，马克思恩格斯一方面以实践为基础，揭示了人与自然的内在关联，另一方面又从人与自然的关系说明了实践的合理性。判断一种实践活动合理不合理，基本的标准就看其带来的人与自然关系是否和谐。假如人与自然的关系是协调的，人与自然环境是相互受益的、彼此促进的，那么，这样的实践就是合理的，就是值得向前推进的。反之，如果随着实践的发展人与自然的关系趋于恶化，甚至威胁到人的生存发展，那么，这样的实践无论如何不能算作合理的，是必须抑制和制止的。所以，不是任何实践都是天然合理的。面对日益复杂的生态环境问题，我们的实践必须要有合理性意识，予以事前和事后的充分评估和合理论证，不可贸然行事。要保证实践的合理性，使其健康发展，最根本的是尊重规律，既尊重自然规律，又尊重经济规律，还要尊重社会发展规律。尤其是尊重自然规律，这是最起码的前提。违背规律盲目开发、盲目发展，最后的结果不仅仅是毁灭了自然环境，更重要的是带来人的自我危机，这样的实践行为是自我毁灭的行为。因此，合理的实践应当是合规律性与合目的性的统一。

　　在马克思恩格斯的实践观问题上，多年来学界已有广泛深入的讨论，形成了相对一致的认识，但在涉及与自然的关系问题上，还有不同的看法，需要进一步澄清。这里仅就如何看待自然界的"优先地位"和马克思主义的"唯物主义"两个问题，现结合马克思恩格斯的论述谈一些看法。

　　第一，关于自然界的"优先地位"。在研究马克思恩格斯自然观的过

---

① 《马克思恩格斯文集》第9卷，人民出版社2009年版，第484页。

程中，我们经常会遇到这样一个难题：既要讲实践在自然界存在和发展的基础性地位，又要肯定自然界的"优先地位"，这在理论上究竟怎么解释呢？在这方面，确实有可能走向两个极端，要么肯定自然界的"优先地位"而轻视实践的作用，要么强调实践的重要作用而无视自然界的"优先地位"。为此，有必要回到马克思恩格斯对自然界的优先地位作出比较全面准确的理解。

在马克思恩格斯之前，各种各样的唯物主义者都承认自然界的优先性，进而把自然物质作为本体来解释世界，以此建立哲学体系。马克思恩格斯也肯定自然界的优先地位，但在其理解和把握上与以前的旧唯物主义不同。在马克思恩格斯的视域中，所谓自然界的优先地位，主要包括两方面的内容：一是自然界对人类存在的优先性，二是自然界对人类活动的前提性。

首先来看自然界对人类存在的优先性。旧唯物主义也强调自然界的优先性，但是以取消人与自然的差别、否认人的能动作用为前提的。如旧唯物主义就是把人看作是一种自然存在物，人就是自然界发展的产物，人在任何时候都必须服从自然的规律。马克思恩格斯也承认和强调自然界对人类存在的优先性，但在理解上大为不同。其一，承认人类是从自然界进化和分化出来的，但并不主张把人看作是自然界直接创造出来的自然物，而是强调在自然的基础上人是劳动的产物。自然界的变化固然为人类的形成创设了生理的基础和条件，如促进了晚期猿人的直立行走、四肢的分工和脑体的发育等，但仅有这些生理的变化还不可能形成人类，决定性的因素是劳动。人类从动物界走出来，最终靠的是劳动，是劳动创造了人。对于这一点，恩格斯有其更多具体深刻的阐述。其二，承认人首先是一种自然存在物，但反对把人完全归结为自然存在物，强调人是社会存在物。因为人虽然来自自然，但又与动物不同，不是消极地适应自然，而是通过活动能动地改造自然以求生存发展，这就必然会形成人的社会联系和社会结合。人只有在社会中才能生存，正像人生产社会一样，社会也生产人。人之为人，主要不是由自然性决定的，而是由社会性决定的，而社会性又是由劳动决定的。这些认识上的差别，导致关于自然界对人类存在优先性的理解大为不同。同样讲优先性，旧唯物主义是自然主义的解释，而马克思恩格斯则是实践论的解释。

其次来看自然界对人类活动的前提性。自然界既是人类存在的前提，也是人类活动的基本前提。尤其后者是马克思恩格斯自然观关注的重点，也是超越旧唯物主义自然观的一个特点。在马克思恩格斯看来，实践是人的生存方式，人和人类社会的发展就是在实践的基础上发展起来的。实践总是需要一定的自然前提和自然条件；离开自然界，人们就不可能凭空创造和实践。在这方面，马克思恩格斯有过大量深刻的论述。在《1844年经济学哲学手稿》中，马克思在谈到人的对象化时就明确指出："没有自然界，没有感性的外部世界，工人就什么也不能创造。"[①]在《神圣家族》中，马克思恩格斯针对蒲鲁东关于劳动也创造了物质所有权的说法，认为"人并没有创造物质本身。甚至人创造物质的这种或那种生产能力，也只是在物质本身预先存在的条件下才能进行"[②]。也就是说，人只能改变的是物质的存在形态，而不可能创造出物质本身，人的能动创造是不可能离开对象世界和自然界的。在《德意志意识形态》中，马克思恩格斯在阐述劳动实践对现存的感性世界和自然界的重大影响的同时，坚持认为，即使"在这种情况下，外部自然界的优先地位仍然会保持着"[③]。这些论述都充分说明，实践作为一种创造性的活动不能离开自然界。事实上，在现实的劳动过程中，自然界的前提性作用体现得尤为明显，这种作用集中体现在自然界与劳动过程的三大基本要素的关系上。如劳动对象是由自然界提

---

① 《马克思恩格斯全集》第 42 卷，人民出版社 1979 年版，第 92 页。
② 《马克思恩格斯全集》第 2 卷，人民出版社 1957 年版，第 58 页。
③ 《马克思恩格斯文集》第 1 卷，人民出版社 2009 年版，第 529 页。

供的，不管是天然的、未经改造的物质对象还是人工的、被劳动加工过的物质对象，都是自然界提供的；劳动资料的创造和改造依赖于自然界，像劳动工具就是通过对自然界的加工而制造出来的，即使高度发达的工具，也不能离开一定的自然物质；劳动者的生存发展同样离不开自然界，自然界是劳动者的物质生活资料的来源，是其赖以生存的必要条件，也是劳动者自身再生产的必要条件，即自然界所提供的物质生活资料使劳动者得以繁衍。

可以看出，在对自然界优先地位问题上，马克思恩格斯始终坚持的是实践的观点。或者说，坚持实践观点与坚持自然的优先地位，二者是一致的，并不存在相互冲突的问题。

第二，关于"唯物主义"的理解。究竟如何理解"唯物主义"，也是牵涉到自然观和实践观的问题。对此，重新审视马克思恩格斯在《神圣家族》中有关唯物主义的论述，对于我们理解这些问题大有裨益。

在《神圣家族》中，马克思恩格斯专门用一节对法国唯物主义进行了评述。他们认为，18世纪以来，"法国唯物主义有两个派别：一派起源于笛卡尔，一派起源于洛克。后一派主要是法国有教养的分子，它直接导向社会主义。前一派是机械唯物主义，它汇入了真正的法国自然科学。"① 机械唯物主义的代表人物拉美特利，其哲学就是把笛卡尔自然科学中的机械论观念移植到哲学中，即马克思恩格斯所说，"拉美特利利用了笛卡尔的物理学，甚至利用了它的每一个细节。他的'人是机器'一书是模仿笛卡尔的动物是机器写成的"② 。这种观点在霍布斯那里也得到了充分的体现。如"唯物主义在它的第一个创始人培根那里，还在朴素的形式下包含着全面发展的萌芽。物质带着诗意的感性光辉对人的全身心发出微笑"，而

---

① 《马克思恩格斯文集》第1卷，人民出版社2009年版，第327—328页。
② 《马克思恩格斯全集》第2卷，人民出版社1957年版，第166页。

"唯物主义在以后的发展中变得片面了。霍布斯把培根的唯物主义系统化了……唯物主义变得敌视人了"①。这显然是一种典型的"自然唯物主义"。与此相反，另一派的代表人物是爱尔维修、孔狄亚克等，其哲学起源于洛克。爱尔维修对事物、现象不是进行纯自然的解释，而是借助人与环境的关系，阐述了唯物主义的观点。爱尔维修认为，人创造环境，同样，环境也创造人，现实世界以及人的感觉观念就是在这种相互作用中发展的。这种唯物主义显然是与人及其活动结合的唯物主义，它可以直接导向社会主义。为什么会导向社会主义？原因就在于这种关于环境与人的唯物主义学说同社会主义有着必然的联系，这种必然联系就是马克思恩格斯所阐发的五个"既然"："既然人是从感性世界和感性世界中的经验中汲取自己的一切知识、感觉等等，那就必须这样安排周围的世界，使人在其中能认识和领会真正合乎人性的东西，使他能认识到自己是人。既然正确理解的利益是整个道德的基础，那就必须使个别人的私人利益符合于全人类的利益。既然从唯物主义意义上来说人是不自由的，就是说，既然人不是由于有逃避某种事物的消极力量，而是由于有表现本身的真正个性的积极力量才得到自由，那就不应当惩罚个别人的犯罪行为，而应当消灭犯罪行为的反社会的根源，并使每个人都有必要的社会活动场所来显露他的重要的生命力。既然人的性格是由环境造成的，那就必须使环境成为合乎人性的环境。既然人天生就是社会的生物，那他就只有在社会中才能发展自己的真正的天性，而对于他的天性的力量的判断，也不应当以单个个人的力量为准绳，而应当以整个社会的力量为准绳。"②从马克思恩格斯关于法国唯物主义的论述中可以看出，马克思恩格斯心目中的唯物主义不是敌视人的自然唯物主义，而是与人密切结合的唯物主义，即为"思辨本身的活动所完

---

① 《马克思恩格斯全集》第 2 卷，人民出版社 1957 年版，第 163—164 页。
② 《马克思恩格斯全集》第 2 卷，人民出版社 1957 年版，第 166—167 页。

善化并和人道主义相吻合的唯物主义"①。这种唯物主义既坚持了自然界的客观性又高扬了人的主体性，因而是一种实践的唯物主义。因此，了解马克思恩格斯的自然观，必须了解马克思主义的唯物主义、了解马克思主义的实践观。

四、社会批判的立场

在马克思恩格斯的语境中，有关自然的论述往往是和批判理论融为一体的。或者说，马克思恩格斯的自然观是在各种批判中得以具体呈现的。离开了马克思主义的批判理论，很难把握它的要义与精神实质。

纵观马克思恩格斯的研究，可以发现，许多论著的标题或副标题都带有"批判"的字样，如早期有《黑格尔法哲学批判》《神圣家族，或对批判的批判所做的批判》《德意志意识形态：对费尔巴哈、布·鲍威尔和施蒂纳所代表的现代德国哲学以及各式各样先知所代表的德国社会主义的批判》《道德化的批判和批判化的道德》，中期有《政治经济学批判》《资本论：政治经济学批判》《哥达纲领批判》等。有些论著的名称虽然没有"批判"的字样，但其主题和内容就是批判，如《哲学的贫困》《共产党宣言》等就是如此。马克思恩格斯批判的对象是多种多样的，但主要体现为社会批判，这种社会批判同时也包括相关的各种理论批判、意识形态批判。

马克思的社会批判主要是对资本主义社会的批判。他一生研究的重点，就是剖析资本主义社会，创作《资本论》。为了研究和解剖资本主义社会，马克思运用大量材料和事实，考察资本主义社会的经济关系及其发展规律，考察资本主义经济关系与自然环境的关系，从中阐发了许多有关

---

① 《马克思恩格斯文集》第 1 卷，人民出版社 2009 年版，第 327 页。

自然环境的思想，形成了独具特色的自然观，即具有明显批判特色的自然观。所以，要深刻了解马克思的自然观，必须了解其提出和阐发的社会状况和社会关系。

马克思认为，资本主义条件下的生态环境问题，主要是资本与生态环境的关系问题。对于资本与生态环境的关系，马克思给予了中肯、客观同时又是深刻的批判分析。他认为，资本的生产对于自然环境的影响是巨大的，其中积极的影响是不能忽视的。对此，马克思在《1857—1858年经济学手稿》中具体指出："只有资本才创造出资产阶级社会，并创造出社会成员对自然界和社会联系本身的普遍占有。由此产生了资本的伟大的文明作用；它创造了这样一个社会阶段，与这个社会阶段相比，一切以前的社会阶段都只表现为人类的地方性发展和对自然的崇拜。只有在资本主义制度下自然界才真正是人的对象，真正是有用物；它不再被认为是自为的力量；而对自然界的独立规律的理论认识本身不过表现为狡猾，其目的是使自然界（不管是作为消费品，还是作为生产资料）服从于人的需要。资本按照自己的这种趋势，既要克服把自然神化的现象，克服流传下来的、在一定界限内闭关自守地满足于现有需要和重复旧生活方式的状况，又要克服民族界限和民族偏见。资本破坏这一切并使之不断革命化，摧毁一切阻碍发展生产力、扩大需要、使生产多样化、利用和交换自然力量和精神力量的限制。"① 马克思的这一概要性评述，是对资本文明作用的认可和积极评价，因为只有资本，才扩大了各种物品的效用，创造了一个"有用的体系"；只有资本，才打破了人的地方性限制，扩大了交往和交换；只有资本，才形成了人与自然关系的普遍性，创造出一个普遍利用自然属性的体系，即创造出一个"普遍有用性的体系"；只有资本，才形成了现代文明，打破了"对自然的崇拜"，增强了人的能力。

---

① 《马克思恩格斯文集》第8卷，人民出版社2009年版，第90—91页。

但是，资本在创造文明的同时，又对自然环境以及经济发展产生了巨大的破坏性影响。资本生产的盲目发展，造成了人对自然的严重失控，引起人与自然关系的严重失衡，进而引起经济、社会发展的连锁反应，形成了各种危机。

首先是生态危机。由于自然力和资源"不费资本家的分文"，因而资本家出于追求利润的需要，便无限地开发、利用自然力和资源，导致自然生态的严重失衡。资源被掠夺、环境被破坏，就是生态危机的典型表现。由于对自然的掠夺性使用，使人与自然的物质变换出现了"对未来的预支"，这种破坏与预支所带来的后果常常是这样的："每一次胜利，起初确实取得了我们预期的结果，但是往后和再往后却发生完全不同的、出乎预料的影响，常常把最初的结果又消除了。"① 伴随着大工业的发展，人对自然的开发力度明显增强，而自然界遭受的破坏也日益严重，以致生态发展陷入严重危机。

其次是再生产危机。生产劳动过程简单说来就是物质变换过程。马克思指出："劳动首先是人和自然之间的过程，是人以自身的活动来中介、调整和控制人和自然之间的物质变换的过程。"② 要使这种物质变换过程能够持续进行，必须使自然得到有效的保护和利用。而在资本主义社会，这种状况不断得到破坏。如在对土地资源的利用上，"对地力的榨取和滥用……代替了对土地这个人类世世代代共同的永久的财产，即他们不能出让的生存条件和再生产条件所进行的自觉的合理的经营。"③ 从而在人类的物质变换过程中"造成一个无法弥补的裂缝"④，这种"裂缝"如果得不到弥补，无疑会导致再生产的危机。

---

① 《马克思恩格斯文集》第 9 卷，人民出版社 2009 年版，第 560 页。
② 《马克思恩格斯文集》第 5 卷，人民出版社 2009 年版，第 207—208 页。
③ 《马克思恩格斯文集》第 7 卷，人民出版社 2009 年版，第 918 页。
④ 《马克思恩格斯文集》第 7 卷，人民出版社 2009 年版，第 919 页。

对于再生产危机问题，美国生态马克思主义学者福斯特特别关注马克思《资本论》关于"新陈代谢"观点的阐发。福斯特认为，"新陈代谢"概念最早出现于 1815 年，并且在 19 世纪三四十年代被德国的生理学家所采用，到 1842 年德国农业化学家李比希在《动物化学》中对这一概念加以更为广泛的应用，根据"新陈代谢断裂"概念，揭示了土地肥力的流失和土地日益衰竭的问题。马克思在李比希相关论述的基础上，对这一问题作了更为深入的研究，进一步深化了再生产危机的理论。在《资本论》第一卷讨论"大规模的工业和农业"时，马克思指出："资本主义生产使它汇集在各大中心的城市人口越来越占优势，这样一来，它一方面聚集着社会的历史动力，另一方面又破坏着人和土地之间的物质变换，也就是使人以衣食形式消费掉的土地的组成部分不能回归土地，从而破坏土地持久肥力的永恒的自然条件"①。物质变换的断裂就意味着再生产的危机，这样的危机就是由资本生产造成的。

再次是资本积累危机。这种危机主要源于资本生产的物质需要并受制于自然条件的原料生产之间的不平衡，即原料生产的供给不能适应和满足生产的物质需求。要增加资本积累，必须使剩余价值变为资本，而要使剩余价值变为资本，必须有充足的生产资料和生活资料可供使用。假如作为生产资料和生活资料来源的自然资源出了问题，那么积累的链条便会中断。所以，正常的资本积累有赖于各种生产条件和资源的良性循环，只有这样的循环，积累才有可能。马克思在讲资本的循环与周转时，谈及了两大部类的来源及相互关系问题。他对资本主义物质生产领域的社会总产品的形态进行了分析，根据不同产品在社会再生产过程中的不同作用，从实物形态上将社会总产品分为生产资料的生产和消费资料的生产两大部类，说明资本积累和社会经济需要的满足程度。只有满足这两大部类的需求，

---

① 《马克思恩格斯文集》第 5 卷，人民出版社 2009 年版，第 579 页。

才能使资本的循环和周转正常进行。而资本生产的盲目扩张，往往会造成这种循环和周转的障碍，导致积累危机。

上面各种危机汇聚在一起，最后形成的总的结果，便是经济危机。在资本主义条件下，经济危机与生态危机是内在关联的。一方面，生态危机有可能引发经济危机。由资本盲目生产所导致的生态危机，即由资源和能源成本的加大、再生产条件的破坏、经济发展的不可持续等，必然会导致对利润的损害、经济危机的产生。供求关系的失衡、经济与自然的失衡，最终会伤及经济本身。另一方面。经济危机又会导致生态危机。经济危机的突出表现是经济萧条，经济发展乏力。要克服经济危机，资本家往往采用各种各样的手段，其中就包括加大成本外在化的力度、更大程度地掠夺自然资源，这就会造成自然环境的恶化。这两种危机相互影响、相互刺激，往往形成恶性循环，其产生的根源就在于资本逻辑的推动。

既然生态危机的产生是由资本生产引起的，那么，要克服生态危机，必须严格限制资本的盲目发展。这就要求对社会生产的各个环节进行有效的控制。对此，马克思明确提出，合理的控制应该是"社会化的人，联合起来的生产者，将合理地调节他们和自然之间的物质变换，把它置于他们的共同控制之下，而不让它作为一种盲目的力量来统治自己；靠消耗最小的力量，在最无愧于和最适合于他们的人类本性的条件下来进行这种物质变换。"① 如何才能实现这样的控制？只有在未来社会。这就是要以生产资料的全社会占有为前提，改变资本主义生产资料所有制，推翻资本的统治。

可以说，生态问题并不纯粹是生态自身的问题，归根到底是一个社会问题。因此，不能仅仅从生态科学的角度，或者从伦理、道德的角度来理解生态问题，应当纳入社会批判的视域予以审视和观照。按照马克思的观

---

① 《马克思恩格斯文集》第 7 卷，人民出版社 2009 年版，第 928—929 页。

点，只要资本主义制度不改变，只要资本逻辑强势地推行，生态的问题就难以彻底解决。当然，资本主义国家出于自身发展的考虑，也会采取一些相应的措施予以调节、限制，以保护自然环境，但其作用是有限的，不可能从根源上加以解决。许多西方国家为了保护自己国内的生态环境，往往借助资本的优势，将垃圾和污染工业出口到其他经济落后的国家，甚至对这些国家的资源滥加开发，致使这些国家的生态环境受到严重破坏。当年马克思就对英国的殖民行径曾经作过这样的抨击："英格兰间接输出爱尔兰的土地已达一个半世纪之久，可是连单纯补偿土地各种成分的东西都没有给予爱尔兰的农民。"① 马克思说的情况在今天也屡见不鲜。

马克思的社会批判理论对于我们的生态文明建设也具有重要的启示意义。要加强生态文明建设，固然需要加强一些技术性、行业性的规划、管理、监督等，但更重要的是需要加强体制机制建设，理顺各种利益关系，增强制度约束。只有合理的社会体制机制和合理的社会关系，才会有合理的人与自然的关系，才会有生态文明。

五、现代性的反思

用社会批判的立场来考察自然，同时意味着对自然的现代性反思。因为马克思恩格斯社会批判中的"社会"主要是指资本主义社会，而资本主义社会就是"现代社会"。马克思常把"资本主义社会"与"现代社会"作为同义语来使用。研究现代社会，当然离不开现代性的问题。值得指出的是，在马克思那里，现代性不是一个抽象的哲学概念，而是一个综合性的社会概念，它是对现代社会基本特性和发展状况的概括和描述。马克思

---

① 《马克思恩格斯文集》第 5 卷，人民出版社 2009 年版，第 808 页。

恩格斯关于自然的许多论述就是在现代性问题的分析中展开的，或者说，自然观的阐发与现代性的分析是结合在一起的。从一定意义上说，马克思恩格斯的自然观具有现代性反思的意蕴。

对于资本主义文明，马克思恩格斯首先给予充分的肯定。对于资本主义文明给自然环境和社会生产所产生的影响，马克思恩格斯给予积极的评价。如在《共产党宣言》中，马克思恩格斯就说，资产阶级由于改进生产工具，由于交通的极其便利，把一切民族甚至最野蛮的民族都卷到文明中来。在资产阶级推动下，许多荒野变成了工农业用地，许多农村变成了城市，生态格局和经济布局有了很大改观。"资产阶级在它的不到一百年的阶级统治中所创造的生产力，比过去一切世代创造的全部生产力还要多，还要大。自然力的征服，机器的采用……整个整个大陆的开垦，河川的通航，仿佛用法术从地下呼唤出来的大量人口——过去哪一个世纪料想到在社会劳动里蕴藏有这样的生产力呢？"①类似这样的评述很多。可以说，马克思恩格斯对于资本主义文明及其生态效应的分析还是合理的、中肯的。

在肯定资本主义文明的同时，马克思恩格斯对其背后所带来的生态问题也给予了深刻的揭露。他们认为，近代工业发展以来，虽然带来了生产力的巨大进步，但也带来了生产力的严重破坏。如果说以前的社会尽管也有对自然环境的破坏，但其破坏程度是有限的，因而影响还不是太大。而在现代社会，大工业的推广和运用，其破坏力则非常之大。马克思指出："大工业和按工业方式经营的大农业一起发生作用。如果说它们原来的区别在于，前者更多地滥用和破坏劳动力，即人类的自然力，而后者更直接地滥用和破坏土地的自然力，那末，在以后的发展进程中，二者会携手并进，因为农村的产业制度也使劳动者精力衰竭，而工业和商业则为农业提

---

① 《马克思恩格斯文集》第 2 卷，人民出版社 2009 年版，第 36 页。

供各种手段，使土地日益贫瘠。"①

　　资本主义文明和现代工业之所以会对自然资源和环境产生破坏作用，这是和资本主义经济制度分不开的。资本主义经济就是商品经济，其追求的目标和突出的中心就是经济效益、价值增殖。因而现代工业以至整个现代生产方式必然按照这样的现代逻辑来推进，不可能更多顾及生态环境、生态文明。马克思在《资本论》中多处论及这一问题，如在谈到森林问题为什么得不到重视时这样指出："漫长的生产时间（只包含比较短的劳动时间），从而漫长的资本周转期间，使造林不适合私人经营，因而也不适合资本主义经营。资本主义经营本质上就是私人经营，即使由联合的资本家代替单个资本家，也是如此。文明和产业的整个发展，对森林的破坏从来就起很大的作用，对比之下，对森林的护养和生产，简直不起作用。"②同森林一样，瀑布也是如此。马克思指出，"瀑布和土地一样，和一切自然力一样，没有价值，因为它本身中没有任何对象化劳动，因而也没有价格，价格通常不外是用货币来表现的价值。在没有价值的地方，也就没有什么东西可以用货币来表现"③。正由于瀑布和森林没有价值，没有货币意义，所以瀑布和森林得不到应有的保护，反而不断得到盲目开发和破坏，以致自然环境不断趋于恶化。

　　既然现代生态问题是由现代性发展引起的，那么，究竟如何看待现代性？对此，国内外学界有不同的看法和争论。其中最有代表性的是后现代主义。后现代主义尽管不是一个统一的学派，也没有完全统一的观点，但其基本倾向是明确的，这就是反叛和否定现代性。后现代主义的出现，在生态领域也影响很大，以致引发重重问题，争论不休。要确立正确的生态意识，建设生态文明，有必要回到马克思主义，在有关生态问题上澄清一

---

① 《马克思恩格斯全集》第 25 卷，人民出版社 1974 年版，第 917 页。
② 《马克思恩格斯全集》第 24 卷，人民出版社 1972 年版，第 272 页。
③ 《马克思恩格斯文集》第 7 卷，人民出版社 2009 年版，第 729 页。

些理论困惑。

其一，要不要追求现代性？现代生态问题无疑是由现代性引起的，要解决生态问题，推翻现代性不就行了吗？后现代主义就是用这样的眼光来看待问题的。它把生态危机的根源归于现代性，解决的出路也就在于解构和否定现代性，以为现代性一旦推翻，生态上的"现代病"便可得到医治。这样的主张尽管看到了问题的一些症结，但得出的结论却过分草率，根本经不住历史的检验与推敲。在这里，还得回到马克思主义的立场上来，对现代性既要看到它给生态带来的危机性后果，又要看到其对生态状况的积极影响。从总的趋向来看，现代化是历史发展的必然趋势，增强现代性、推进现代化，这是历史发展的必然，也是人类的理想追求。在现代化的道路上，片面地追求发展而不顾生态环境固然是误入歧途、不可助长，但由此而拒斥现代性则无论如何不是一个正确的选项。"泼脏水连同婴儿一起倒掉"，万万不可取。对于大多数国家的发展来说，现代化是追求的目标，发展是当务之急，用停滞发展和现代化来取得生态和谐绝对不是明智之举。正如哈贝马斯所说，现代性还是一个未完成的事业，需要继续推进。

在这方面，一些西方生态马克思主义学者也有比较清醒的认识。他们对现代化的种种负面效应，特别是对生态环境的破坏提出了尖锐的批评，但不否定现代化本身。他们不美化现代文明，也不全盘否定现代文明，而是比较客观地提出了对现代化的认识。如生态马克思主义学者高兹（Andre Gorz）明确指出："当前的危机并不意味着现代化的过程已经走到了尽头，而我们必须走回头路。倒不如说具有这样一层含义：需要对现代性本身加以现代化，需要反身性地将现代化本身纳入其自身的行为领域，即将合理性本身加以合理化。"[1] 另一位生态马克思主义学者莱易斯（William Leiss）

---

[1]　Andre Gorz, *Critique of Economic Reason*, London and New York : Verso, 1989, p.1.

则强调，"并不寻求把任何早期的社会发展状态尊崇为我们应返回的黄金时代"①，"不认为任何其他的早期社会模式已较好地在人与人之间、在人与自然环境之间实现了'自主的和创造性的交往'"，而是认为"某些现代产业主义的成就业已为这些特征的表达和实现开辟了新的前景"②。他的看法是明确的，不能简单接受后现代主义的主张，倒退回前现代去。这种看法与马克思的观点是一致的。

其二，要不要确立主体性？后现代主义的一个显著特征就是否定和消解主体性。在生态问题上，后现代主义者认为正是因为现代性观念主张主客体的对立，才造成了人与自然关系的紧张，才形成了现代生态问题。因此，他们坚决反对现代性的"主—客"二分观念，反对主体性，进而反对人类中心主义。与这种观点相类似，有的学者还提出，不能仅仅把主体性归结为人，自然界也有主体性，这就等于取消了主体性。

如何看待主体性？不容否认，近代以来在自然的认识上，确实存在一种偏颇，这就是过分强调主客二分、主客对立，过分突出人对自然的改造，以致形成扭曲的自然观，给实践带来错误的引导和影响。可以说，这样的自然观在现代生态问题上难辞其咎。但是，能否因生态以及生态认识上出了问题，就轻易否定人的主体性、否定人的主体地位呢？在马克思主义哲学的视野里，主客体的划分、主体性的确立是有严格界定的，是不能随意确定和改变的。主体性只能来自于人，而不可能来自于自然界。谈到主体性，总是人的主体性。生态环境的发展出现了危机，不在于强调了人的主体性，而在于这种主体性得到了不正常的发挥，即离开自然环境的客观性和规律性错误地发挥人的主体性，以致使人与自然关系严重失衡，形成危机。所以，解决生态危机的出路，不在于消解人的主体性，而是要使

---

① William Leiss, *The Limits To Satisfaction*, Toronto：University of Toronto Press, 1976, p.109.

② William Leiss, *The Limits To Satisfaction*, Toronto：University of Toronto Press, 1976, p.109.

人按自然规律行事。人的能动性应当建立在客观规律基础之上。

确立人的主体地位，突出人的核心地位，这和马克思主义的理论主题与价值追求也是一致的。既然我们所追求的是人类解放和人的自由全面发展，那么，在自然观上就必然突出人的地位和价值，高扬人的主体性。当然，这样的突出和高扬并不是要否定自然环境、条件的制约。离开自然界的约束来抽象地讲人的主体性，从来不是马克思主义的主张。

其三，要不要坚守理性？强调理性，这是现代主义的一个基本原则和显著特点。后现代主义反对现代主义，无疑要把矛头指向理性。在后现代主义看来，现代社会出现的各种弊端都是和理性的膨胀直接相关，尤其是经济理性、工具理性的恶性膨胀，给自然和社会带来许多灾难性的后果。要实现自然和社会的正常发展，就要消弭理性，反对理性的统治。在这种思潮影响下，一些生态中心主义者也是反理性，把现代生态危机与现代理性硬是绑在一起，主张非理性主义。

从历史来看，生态危机的出现确实与理性问题有关。由于在发展过程中过分突出理性尤其是工具理性、经济理性，只求效益，不问代价，不计后果，结果给自然和社会的发展带来诸多不幸。尤其是在当代，理性发展到了极致，入侵到社会生活和个人生活的所有领域，以致成为哈贝马斯所说的生活世界的"殖民化"。正是看到这样的"现代病"，才有后现代主义以及其他思潮、学说对理性主义的反叛和抨击。应当说，后现代主义看到的"病症"是对头的，但开出的"药方"是错误的。理性的发展出了问题应当治，但不至于置于死地。其实，理性本身没有错，错就错在理性被作了不适当的发挥，以致走向片面的理性主义和理性独断论。特别是工具理性对价值理性的排斥，使理性得到跛足的发展，带来的消极影响是巨大的。因此，解决问题的出路，不在于否定理性，而在于重建理性，使理性得到更为健全的发展。正如高兹所说，"当今的危机并不是理性的危机，而是合理化的（日益明显的）不合理的动机的危机，正如被变本加厉地所追逐的那样"①。高兹认为，经济理性的出现就是理性极端化的表现，而经济理性的出现又是与资本主义的诞生同步的。当生产不是为了自己消费而是为了市场时，经济理性就开始发生作用了。"经济合理性发端于计算与核算"，"从我的生产不是为了自己的消费而是为了市场那一刻开始，一切就开始变了"②。在经济理性的驱动下，利益至上、效益至上便成为圭臬。要解决生态问题，必须抑制这种经济理性的盲目发展，即摆脱经济理性的束缚，弘扬生态理性。高兹提出，"生态理性旨在用这样一种最好的方式来满足（人们的）物质需求：尽可能提供最低限度的、具有最大使用价值和最耐用的东西，而花费少量的劳动、资本和资源就能生产这些东西"③。这就是要求跳出经济理性坚持生态理性，从而用健全的理性引领生态发展。

其四，要不要发展科技？由于理性与科技是内在贯通的，因而消解理性就必然消解科技，这就是后现代主义的结论。在后现代主义学者看来，正是由于理性与科学结盟，造成"科技理性""工具理性"，给现代社会带来诸多灾难。就生态来说，之所以产生这么严重的危机，就是"科学主义"大力进军自然的结果，是科学技术带来的负面效应。由此，对生态危机的揭露和批判就变成了对科学技术的批判。

在生态问题上，反科学主义是否行得通？在这里，关键是要对科学技术及其社会作用有一个全面的理解和把握。科学技术的产生和发展，在人类史上无论如何是一个重大进步。没有科学技术，就没有人类文明进步。对于科学技术的进步作用，马克思恩格斯曾给以高度评价。马克思把科学看成是"历史的有力的杠杆""最高意义上的革命力量"④，同时认为科学

---

① Andre Gorz，*Critique of Economic Reason*，London and New York：Verso，1989，p.1.

② Andre Gorz，*Critique of Economic Reason*，London and New York：Verso，1989，p.109.

③ Andre Gorz，*Capitalism*，*Socialism*，*Ecology*，London and New York：Verso，1994，p.32.

④ 《马克思恩格斯全集》第 19 卷，人民出版社 1972 年版，第 372 页。

是一种生产力,"生产力中也包括科学"①。诚然,近代以来科学技术的发展运用在给人类带来文明进步的同时,也带来许多灾难,但这些灾难的产生不能完全归咎于科学技术本身。因为科学技术本身是中性的,无所谓善恶,究竟会带来什么样的后果,这不是科学技术本身的原因,最主要的是使用的问题,即如何运用和使用科学技术。如果出于人的幸福和自由全面发展的考虑来运用科学技术,那就自然会顾及科学技术的效应问题,充分发挥其积极作用,减少其各种负面效应。如果仅仅出于追求最大利润的考虑,那就会无视科学技术的负面效应,只要能赢利,任何消极后果都无所顾忌,这就必然会造成对自然和社会发展的伤害。所以,科学技术的背后还是人的问题、社会的问题。只有合理的科技导向和发展指向,才能有科学技术的合理使用。如对技术的选择,高兹就非常有针对性地指出,"就目前情况而言,社会选择正以技术选择为借口而强加于我们。这些技术选择正赤裸裸地成为唯一的可能的选择,而不是必要的最有效的选择。对资本主义来说,它只致力于发展这样一些技术,这些技术与其发展的逻辑相一致,符合它的继续统治。它要消除那些不能强化现存的社会关系的技术,哪怕这些技术对其所宣称的目标也具有较多的合理性。资本主义的生产和交换关系已经铭刻在由资本主义馈赠给我们的技术之中"②。事实确实如此,技术的选择是受社会选择支配的。要使科学技术有利于生态文明的方向发展,必须确立正确的发展观,确立正确的科技发展战略和发展政策。这也正是需要我们有明确的生态意识。

---

① 《马克思恩格斯全集》第 46 卷(下),人民出版社 1998 年版,第 211 页。

② Andre Gorz, *Ecology as Politics*, Boston: South End Press, 1980, p.19.

第六章 "生命共同体"：生态文明的
重要创新理念

　　"生命共同体"是习近平总书记在党的十九大报告中提出的一个新概念，它既是对人与自然关系的新概括，又是关于生态文明的新理念。全面准确地理解这一新理念，对于深化人与自然关系的认识，推进生态文明建设和社会全面进步有重要的理论与现实意义。

　　"共同体"作为人与自然关系的重要创新理念，"新"就新在实现了思维方式上这样几个重要转变：一是从"体"外关系转向"体"内联系。不再将人与自然看作是一种外在关系，而是将其作为"生命共同体"中的一种内在联系。二是从"控制自然"转向"遵循自然"。即从人与自然的对立关系转向人要"尊重自然、顺应自然、保护自然"。三是从"发展生产力需要保护生态环境"转向"生态环境就是生产力"。明确提出保护生态环境就是保护生产力，改善生态环境就是发展生产力。"生命共同体"理念的确立，有助于更好地满足人民美好生活需要、更好地助推现代化全面建设、更好地提升文明水平。

一、生命意识的重大创新

　　面对日趋严重的生态问题，党的十七大首次提出要建设"生态文明"，强调要"共同呵护人类赖以生存的地球家园"。党的十八大将生态文明建设摆到更为重要的战略位置，首次单篇论述生态文明，将其纳入中国特色社会主义事业"五位一体"的总体布局，并将其融入经济建设、政治建设、文化建议、社会建设各方面和全过程。党的十九大在原有认识的基础上，进一步从生态文明的认识中提炼、概括出"生命共同体"的核心概念，明确提出"人与自然是生命共同体"。党的二十大再一次明确要求人类必须"尊重自然、顺应自然、保护自然"。人与自然关系的阐述，重要的并不在于它以何种新的表述和提法，而在于它是一种关于生态文明的新理念，是生态意识的重大创新。它使对人与自然关系和生态文明的认识达到了一个新高度，开辟了生态文明理解的新境界。

　　一种理念的提出和确立，对于认识和理解自然，进而合理对待自然至关重要。自然观的核心是关于自然的理念。从历史上看，不同的理念会形成不同的自然观或生态意识。在古代社会，由于生产力水平低下，人们基本上置于自然力量的控制与摆布之下，因而形成的是一种对自然界的"敬畏"心理，相应地，在对自然的态度上，便导致各种自然崇拜。近代以来，伴随科学技术和生产力的巨大发展，人类认识自然、改造自然的能力明显增强，由此助长的不再是对自然的"敬畏"意识，而更多的是"对象性"意识，自然界因此也就成了被改造和征服的对象。这就是近代以来的自然观。现在，"生命共同体"理念的确立，重新确立了人与自然的方位，校正了人与自然的关系坐标，这对于更准确、更深刻地认识和把握自然，形成科学的自然观，引导自然界和人的行为的正常发展，意义不言而喻。

　　"生命共同体"理念的提出，对于人与自然的关系是一个创新性的理解和把握。它的创造性贡献就在于，把人与自然的关系作了重新审视，将人与自然的关系从"生产"视界推进到"生命"视界，从"生命"的尺度和价值角度来理解和把握人与自然的关系。这是一个重大转换，其意义是非常重大的。因为如果仅仅从"生产"的视界来考虑，那么在人与自然关系问题上，必然更多地关注的是功利，即主要是从自然中寻求利益的满足；如果从"生命"的视界来考虑，则不再仅仅关注功利，而更多关注的是人的生存与发展、人的生命的价值，因而寻求的是人与自然的和谐。从生产转向生命，事实上就突出了"生活"。既然要生活，就不仅要关注生产，同时要重视生命，并且要使生产服务于生命，即生产的目的最终是为了人的生存与发展。这样，生产、生命、生活是内在联系在一起的，三者是有机统一的，其联系是本质性的，而非功能性的。这样的生态观，确实是一种新的生态意识境界。

"生命共同体"理念的提出，对于文明发展规律也是一种新的认识和把握。"生命共同体"理念所涉及的问题不仅是人与自然的关系，同时涉及人对自身的理解和认识，因而不仅是对自然发展规律的新认识，而且也是对人类文明演进规律的新认识。从文明的起源和发展来看，人类文明进步必须处理好两个基本关系，即人与自然的关系、人与人的关系。人与人的关系处理不好，固然会带来社会混乱、国家衰败；而人与自然的关系处理不好，同样会带来发展障碍、文明衰退。这是一个规律，古今中外，概莫能外。确如习近平总书记所说，"生态兴则文明兴，生态衰则文明衰。"将人与自然作为一个"生命共同体"来看待，这是对文明规律认识的深化和发展，是对人类文明认识的又一个重大进步。恩格斯有句名言：没有哪一次巨大的历史灾难不是以巨大的历史进步为补偿的。"生命共同体"的理念正是如此，它是在总结生态发展经验教训的基础上形成的。在长期的经济发展过程中，我们确实取得了举世瞩目的巨大成绩，但是也付出了沉重的代价，以致经济能否持续发展、人类生存的家园能否得到维护都成了问题。正是在总结这种经验教训的基础上，"生命共同体"的理念得以形成，并上升为一种新的哲学理念。从历史来看，某种"历史灾难"转化为"历史进步"总是有条件的，而最为重要的条件就是需要认识上的深刻领悟与升华。"生命共同体"的理念正好是这种领悟与升华的集中体现，它构成了生态文明这一"历史进步"的重要条件和动力。

二、思维方式的重大变化

"生命共同体"作为一种新的理念，"新"在何处？它可以从不同角度作出不同的理解，但就其生态意识而言，"新"就新在实现了思维方式上这样几个重要转变：

（一）从"体"外关系转向"体"内联系

以往的解释，常常是把自然界看作是人的外在对象，既作为认识的对象，又作为改造的对象。这在历史观、认识论的视域中没有错，但放到自然观中，问题就不是那么简单了。伴随生态问题的日益凸显以及生态危机的接连爆发，自然界一次次向人类敲响了警钟。也正是在这种警示的作用下，人们不得不重新反思人与自然的关系。反思的结果，就是重新摆正了人和自然的位置，重新理顺了人和自然的相互关系，这是生态文明意识的一大进步。尤其是随着"人类中心主义"和"生态中心主义"讨论的深入，人与自然的位置及相互关系得到了明显校正。然而，这样的认识成果虽然是一种进步，但也存有一定的局限。这就是在认识上还是将人与自然作为"外在"的关系来理解，前提是各自独立存在、自成系统的，只是由于各自发展的需要，才相互依赖、相互支撑，由此形成二者之间的关系。"生命共同体"的提出，改变了这种思维方式，实现了认识上的一个重大转换：不再将人与自然看作是一种外在关系，而是将二者作为"生命共同体"中的一种内在联系。也就是说，无论是人还是自然都不是孤立存在的，而是"生命共同体"内的有机组成部分，二者之间的联系就是"体"内自身之间的联系。作为"生命共同体"，它的首要特征是属于"生命"的性质。"生命"不同于其他事物，其有机程度非同凡响，各种细胞、组织的内在关联也非同一般。在这样的共同体中，人和自然与共同体的关系不再仅仅是部分与整体的关系，而是"器官"与"肌体"的关系。后者显然不同于前者：离开了整体，部分有可能存活；而离开了肌体，器官绝无存活的可能。伤及了器官，也就伤及了肌体。正由于人与自然是这样一种关系，因而人"要像保护眼睛一样保护生态环境，像对待生命一样对待生态环境"①。值得注意的是，人与自然不仅同属于"生命共同体"，而且在这种共同体中，自然又是生命之母，正是自然母亲孕育和养护着人类。这样的"母子关系"更是增强了人与自然的内在联系，要求人必须善待自然。作为"生命共同体"，它还有其"命运"的意涵。即在其发展过程中，人与自然相互依存、休戚相关；一损俱损，一荣俱荣。既然"命运"是连在一起的，因而不能孤立谈论人的利益、人的命运，更不能以牺牲自然的"利益"和"命运"来换取人的利益和命运。不管是"生命"还是"命运"，都突出了共同体的一体化、交融化的显著特征，这正是把握人与自然关系的立足点或出发点。

马克思在论及人与自然的基本关系时，实际上就是按照生命机体的思维方式来理解的。如马克思认为，人的身体离不开自然界，自然界是"人的无机的身体"。"自然界，就它本身不是人的身体而言，是人的无机的身体。人靠自然界生活。这就是说，自然界是人为了不致死亡而必须与之不断交往的、人的身体。所谓人的肉体生活和精神生活同自然界相联系，也就等于说自然界同自身相联系，因为人是自然界的一部分。"②把自然界作为"人的无机的身体"，可以说是对人与自然原初本质关系最深刻的揭示，它用一个"身体"形象生动地说明了二者之间不可分割的内在联系。事实上也是如此。自然环境是人类生存、发展的先决条件，是人们现实生活中生产资料和生活资料的源泉。按照马克思的观点，自然富源在社会生活中

---

① 《习近平关于社会主义生态文明建设论述摘编》，中央文献出版社 2017 年版，第 8 页。
② 《马克思恩格斯全集》第 42 卷，人民出版社 1979 年版，第 95 页。

按其作用可分为两类：一类是生活资料的天然富源，另一类是生产资料的天然富源。这两类富源对于人类的生存和发展都是不可缺少的。尽管随着科学技术的进步，人类对自然环境和资源的依赖程度逐渐降低，但这种依赖永远不会完结。人与自然永远是一个"生命共同体"，只有这个共同体能够正常维持和健康发展，生活在其中的人才能正常地生存和发展。

从"生命共同体"来看待人与自然的关系，充分体现了从机械论思维向有机论思维的转变。机械论思维产生于工业文明时期。伴随物理学和机械力学的发展，机械论思维也逐渐确立起来。这是马克思主义科学方法产生之前，西方思维中很典型的思维方式。按照这样的思维，整个世界就是一部大机器，无论是自然界还是人类社会都是这部机器的组成部分，而且又各自成体系。在自然界这部机器里，各组成部分之间的联系也都是机械的，因而对自然界的总体认识可以通过对它的各个部分的认识来实现，一旦机器出了毛病，也可通过机械的方式来解决。这在霍布斯、拉美特利、霍尔巴哈等哲学中得到典型的表现。显然，按照这种思维，自然界的各种事物和现象以及人与自然的关系都是一种外在的机械的联系，其相互作用也是一种机械性的作用，这就大大低估了自然界的内在复杂性、低估了人与自然的真实联系，最后导致的结果是工业文明自然观的出现、工业文明的生态后果。与工业文明的机械论思维不同，生态文明的思维则是有机论的思维。它把包括人类在内的整个自然界理解为一个整体或机体，认为每一种机体要素都与其他要素相联系并在与环境的相互作用中生存、发展。正因为这种思维方式突出了有机性，因而逐渐成为生态学和环境科学倡导的思维方式。"生命共同体"的理念恰好体现了这种有机论思维方式，它用生命机体的观点来看待自然、看待人和各种生物物种，从而为确立科学的自然观提出了应当坚持的基本原则。正是从这个角度，我们看得很清楚，习近平关于生命共同体的理念，不仅在内容上解决了人与自然关系的正确认识问题，而且为人类正确认识人与自然关系问题提供了更科学、更全面的方法论，这就是高于机械论思维的人与自然环境有机统一的新思维方法论。这一理念无疑是对哲学思维方式的提升和深化，体现了独特的哲学价值。

在"生命共同体"中，身体的"有机"和"无机"是相对的，是通过一定的条件可以转化的。自然界对于人来说，固然是"无机的身体"，但是自然界通过与人的活动的互动与交换，又可转化为人的有机的身体。自然界在与人的物质、能量变换的过程中，经过新陈代谢，往往会使自己的"无机"变为"有机"，从而成为人的有机身体的重要组成部分。所以，在"生命共同体"中，人与自然是双向生成的，互为对象性的存在。

在"生命共同体"的理念中，人与自然由"体"外关系转向"体"内联系，实际上在深层次上是一个价值观的转换。之所以要把人与自然看作是一个生命共同体，之所以要如此强调人与自然不可分割的内在联系，其明显的价值指向就是突出对人的深刻关切。关注生态，就是关注人的生存；关注"生命"，就是关注人的命运。自然物的"生命"价值主要是由人赋予的，离开了人的生存发展，谈论自然物的"生命"就没有任何意义。正因为自然对于人犹如生命一样重要，所以人对待自然也要像对待生命一样。保护生态环境，实现人的更好生存发展，这正是提出"生命共同体"理念的价值指向。

（二）从"控制自然"转向"遵循自然"

受近代以来工业文明的影响，在以往长期的研究和宣传中，人们更多强调的是人对自然的控制与改造。"人定胜天"就是这种思维的典型表现。应当说，在经济发展比较落后、国家普遍贫困的条件下，加强对自然的某种改造、提高生产力水平以满足人的物质生活需要是可以理解的，但长此以往，带来的后果却是严重的乃至惊人的。正是在自然界向人类不断敲起警钟之后，人们对自然的认识才开始有了转变，这就是不再仅仅把自然界作为征服的对象，而是作为需要友好相处的伙伴；不再片面强调征服自然，而是注意加强人与自然的协调。这就是生态意识提高的重要成果，也是生态文明进步的一大标志。习近平在党的十九大报告中谈及生态文明时，在现有认识的基础上，明确地提出"人与自然是生命共同体，人类必须尊重自然、顺应自然、保护自然"。① 用"尊重""顺应""保护"来强调对待自然的态度，这是理论上的新概括，也是认识上的一个新飞跃，体现了明显的生态意识和高于以往生态理论的新高度。这种意识和态度正是从"生命共同体"的理念中引申出来的，因为确认人与自然是"生命共同体"，那就必须尊重、顺应、保护自然。这是"生命共同体"理念的必然逻辑和结论。尊重、顺应、保护自然虽然各有侧重，但集中到一点，就是要遵循自然。据此，可以说，"生命共同体"理念的一大特点，就是实现了从"控制自然"向"遵循自然"的转变。

遵循自然，首先要摆正人与自然的位置，给自然以合理的定位。人与自然，究竟是主仆关系、主奴关系还是相依为命的手足关系，理解不同，带来的后果也不同。理论和现实要求我们必须正本清源。从最基本的生态学和生物学来讲，人本身是自然界长期发展的产物，没有自然界就没有人本身。"人直接地是自然存在物"，是"站在稳固的地球上呼吸着一切自然力"② 的人。"我们的生物起源就决定了我们必然也是相互依存的生物圈里的一分子，要吸收水和氧气，分享植物进行（也就是生化能源）光合作用所制造的净产品以及在生态系统中循环的营养物。"③ 作为自然存在物，人是大自然的产儿，自然界是生命之母，是人类生存的家园。正因为自然界是生命之母、是人类生存的家园，因而必须善待、尊重和保护自然。尊

---

① 《习近平谈治国理政》第三卷，外文出版社 2020 年版，第 39 页。

② 《马克思恩格斯全集》第 42 卷，人民出版社 1979 年版，第 167 页。

③ ［英］A.J.麦克迈克尔：《危险的地球》，罗蕾、王晓红译，江苏人民出版社 2000 年版，第 9 页。

重、保护自然，也就是尊重、保护人自身。

在对待人与自然位置的问题上，必须端正目的与手段关系的认识。过去我们受工业文明中工具理性的影响，常常把自然作为手段来看待，认为自然仅仅是作为认识和改造的对象来为人服务的。易言之，人的需要是目的，自然只是工具、手段。这种观念上的偏差必然导致生态环境的破坏。实际上，无论是自然还是人，都既是目的，又是手段。就人来讲，相对于世界万事万物的发展，人的生存发展无疑是目的，而且是最终目的；但是，人要实现这样的目的，又必须把自己当作生存发展的手段、满足需要的手段，即通过自己的活动和付出来满足生存发展的需要和条件。如果人仅仅把自己当作目的，而把自然界当作手段，那么，最后实施的结果必然是：手段遭到破坏，目的也不会实现。因此，如康德所说，人要实现自由，必须既是目的，又是手段。就自然来讲，也是如此。自然的价值就在于能够通过不同的形式和方式满足人的需要，因而作为工具、手段是不言而喻的。但是，自然的价值并不能仅限于此，作为人类生存发展的家园与母亲，自然能够得到正常、健康的发展，又是人类生存发展和生态文明追求的目的。可以说，在"生命共同体"中，人与自然的地位是同等重要的。既然自然与人都既是目的又是手段，那么，人在自然面前就不能仅仅以主人自居，必须是既享有权利，又要承担相应的义务与责任。这是必须明确的意识。

遵循自然，必须遵循客观规律。人要生存发展，当然要进行物质生产实践活动，但人的活动只能改变对象的形态，不能改变对象的规律；或者说，只能改变规律得以产生和起作用的条件，不能改变规律本身。规律涉及的内容很多，首先是要遵循自然规律。"人因自然而生，人与自然是一种共生关系，对自然的伤害最终会伤及人类自身。只有尊重自然规律，才能有效防止在开发利用自然上走弯路。"[①]其次是遵循经济发展规律。经济

---

① 《习近平谈治国理政》第二卷，外文出版社2017年版，第394页。

发展与自然发展始终是交织在一起的。不能把经济视为可以游离于自然环境之外的孤立系统，认为经济可以无限制增长，消费水平也可以无限制提高。实际情况是，人类的生产和生活都是在生物圈中进行的，其生产和生活一旦超出生物圈的限度就会造成生态环境的损伤并带来经济发展不可持续的后果。用于补救生态危机的成本可能远远大于盲目发展所形成的收益。所以，必须把经济规律、自然规律、生态规律加以总体的考虑，自觉遵循各种规律。经济的合理发展和社会的全面进步，就是建立在遵循这些规律的基础之上。习近平关于生命共同体理念，从一定意义上就是人与自然关系规律。基于这个规律，人的改造自然，推动发展的实践活动必须遵循自然、尊重规律。在这方面，应该说近代以来工业发展的实践表明，无论西方世界还是中国，都有过教训，因为没有尊重规律，不仅出现了带血的 GDP，出现了不可持续的问题，而且危及人类生存。正是在总结这些惨痛教训的基础上，习近平深刻揭示出发展的规律，提出绿色发展理念，提出必须实现可持续发展、永续发展，而这一切都是要求尊重发展的基本规律，都是基于生命共同体这个前提。

在规律问题上，应当把握好两个尺度，即物的尺度与人的尺度。在人的活动中，这两种尺度都起作用，关键是如何合理地运用与把握。"人类中心主义"的发展观，把人的尺度绝对化而轻视物的尺度，过分突出人的利益、需要，淡化人对自然界的责任和义务；"生态中心主义"的发展观，走向另一极端，消极地夸大物的尺度作用而否定了人的尺度对人的活动所具有的决定作用及其价值意义。这两种"主义"都是各执一端，在理论上和实践上均是不可取的，是需要警惕和防范的。从现实的情况来看，在人的活动中，两种尺度都需要坚持，但鉴于目前的生态危机和生态教训，更需要对物的尺度即客体尺度予以特别的关注。人之为人，总不会像动物那样消极地适应环境和物种的需要，而是力图按照自己的愿望和需要来生产和生活，这就必然突出人的尺度。但是，突出人的尺度必须建立在遵循物的尺度的基础上，离开物的尺度一味强调人的尺度，只能带来客观规律的反弹和"惩罚"。现实的生态环境危机一次次地提醒人们，规律是不能随意违背的，偏离就要付出代价。人在进行生产和生活时，必须牢记两个尺度，并且自觉地按照这两个尺度来评价自己的行为。"人类只有遵循自然规律才能有效防止在开发利用自然上走弯路，人类对大自然的伤害会伤及人类自身，这是无法抗拒的规律。"①

（三）从"发展生产力需要保护生态环境"转向"生态环境就是生产力"

工业文明以来的传统观念，基本上是把生产力看作是人向自然进军的能力，进军的程度越高，生产力也就越强。在遭遇到生产力发展不可持续的报复之后，人们开始有了环境保护的意识，注意到发展生产力需要保护生态环境。习近平关于"生命共同体"理念的提出，使这一认识不仅得到强化，而且实现了新的超越，这就是不再仅仅一般性地讲发展生产力需要保护环境，而是突出阐发了"生态环境就是生产力"的思想。近年来，尤其是党的十九大以来，习近平总书记多次强调，保护生态环境就是保护生产力，改善生态环境就是发展生产力。在这里，生态环境与生产力不是彼此分离的，而是内在统一的：生态环境就是生产力。这是生态认识上的一大升华和飞跃。它用直接明快的语言揭示了一个非常深刻的道理，将生态环境与生产力的关系提升到一个新的认识。过去讲生产力时常常突出的是人控制和改造自然的"能力"，现在转向面对"自然"，把生态环境直接看作是生产力，这对于深刻理解、把握生态环境和生产力有其特别重要的意义，它可以使我们更为理性地看待生态环境、看待生产力。

① 习近平：《决胜全面建成小康社会　夺取新时代中国特色社会主义伟大胜利——在中国共产党第十九次全国代表大会上的报告》，人民出版社 2017 年版，第 50 页。

生态环境之所以是生产力，这是由生态环境与生产力的构成与具体运作的内在联系决定的。大致说来，生态环境主要是通过下述方式形成生产力的：一是作为生产力构成要素和生产活动的前提。生产力就其一般构成来说，既包括人及其劳动，又包括劳动对象和劳动资料。没有生态环境为生产力发展提供劳动对象和劳动资料，生产力就只能成为一个空洞的概念，而不可能成为现实。马克思说："没有自然界，没有感性的外部世界，工人什么也不能创造。自然界是工人的劳动得以实现、工人的劳动在其中活动、工人的劳动从中生产出和借以生产出自己的产品的材料。"[①] 就此而言，自然界并不只是人类生产活动的外部条件，而事实上是生产劳动过程中的内在要素。二是作为自然生产力。生产力既包括社会生产力，也包括自然生产力，二者是相互影响、相互支撑的。如果自然生产力受到破坏（如地力、水力、自然资源的再生能力等），社会生产力也得不到正常发展。在这方面，马克思在《资本论》中关于自然生产力有过大量论述，其阐发的意义是非常深刻的。三是作为再生产系统中的自然再生产。所谓自然再生产，就是自然界按照其自身的规律，缓慢、有序地进行自我演化、自我再生产的过程。马克思在《资本论》中评述重农学派时曾经指出："经济的再生产过程，不管它的特殊的社会性质如何，在这个部门(农业）内，总是同一个自然的再生产过程交织在一起。"[②]。在现代生产中，虽然许多劳动对象不是自然界原有的，而是加工过的原材料，但不管怎样，它们最终还是属于自然界的。如果只关心经济再生产而不注意自然再生产，最后只能使自然资源的再生能力遭到破坏，以致严重阻碍经济再生产的正常进行。急功近利，盲目开发，必然使再生产无法持续。

总的说来，生产力并不是外在于生态环境的某种力量，生态环境也不

---

① 《马克思恩格斯文集》第 1 卷，人民出版社 2009 年版，第 158 页。
② 《马克思恩格斯全集》第 24 卷，人民出版社 1972 年版，第 398—399 页。

仅仅是外在于生产过程的"客观环境"。撇开了生态环境，不可能全面准确地理解生产力，也不可能全面准确地理解财富。对于自然物质和自然环境在财富创造中地位和作用的理解，习近平总书记讲得更形象、更直接：绿水青山就是金山银山；绿水青山既是自然财富，又是社会财富、经济财富。[①]把生态环境直接视为财富和生产力，不能不说是一个重大的理论进步。

三、理念变革的重大意义

"生命共同体"理念的确立，是对人与自然关系认识的新跨越，在实践上无疑会产生重大影响。树立和践行"生命共同体"理念，对于深入推行生态文明建设和社会主义现代化建设，促进社会全面进步和人的全面发展，有其重要而深远的现实意义。

（一）更好地满足人民的美好生活需要

有什么样的生命观，就会有什么样的生活观。既然人的生命与自然是连在一起的，而人的生命又是有多方面需求的，那么，满足人的生态环境需求便是生命的内在要求。建构"生命共同体"，必须满足这种最基本的要求。现实的发展一再表明，环境就是民生，环境关系人民福祉，关乎民族未来。"良好生态环境是最公平的公共产品，是最普惠的民生福祉。对人的生存来说，金山银山固然重要，但绿水青山是人民幸福生活的重要内容，是金钱不能代替的。你挣到了钱，但空气、饮用水都不合格，哪有什么幸福可言。"[②]

---

① 《习近平关于社会主义生态文明建设论述摘编》，中央文献出版社 2017 年版，第 23 页。
② 《习近平关于社会主义生态文明建设论述摘编》，中央文献出版社 2017 年版，第 4 页。

现在，我们已经进入新时代。随着社会生产力水平的不断提高，人民的生活在显著改善，对美好生活的需要也在日益增长。人民群众对干净的水、清新的空气、安全的食品、优美的环境等要求越来越高，生态环境在人民群众需求结构中的地位不断凸显，环境问题日益成为重要的民生问题。在以往的产品需求中，列入的产品只有农产品、工业品和服务产品，很少见到生态产品。之所以如此，主要问题在于生态产品根本没有得到重视，以为生态产品是无限供给的，是不需要付费就唾手可得的。现在情况变了，这些产品越来越稀缺，自然的价值日益凸显。只有保护好各种生态空间，才能提供更多优质生态产品。正因为环境问题日益突出，环境问题成为民生之患、民心之痛，使得优美生态环境需要成为人民美好生活需要的短板，成为社会主要矛盾新变化的一个重要方面。因此，必须着力解决突出环境问题，真正满足人民对美好生活的需要。

生活与生命是密切相关的。要使生活美好，必须首先要求生命健康；而要使生命健康，必须有良好的生活习惯和良好的生活方式。既然人与自然是一个生命共同体，那么，要使人的美好生活需要得到满足，必须切实维护好这个生命共同体，使其健康发展。要实现生命共同体的健康发展，客观上要求人们改变自己的生活方式。这就需要在全社会树立正确的消费观，改变不合理的生活方式和消费方式，对那种奢侈炫耀、浪费无度的消费行为予以严格的制约和惩罚，努力形成勤俭节约、保护生态的良好风尚，以实际行动践行"生命共同体"的理念。

（二）更好地助推现代化全面建设

如前所述，"生命共同体"理念的一个显著特征，就是有机的、整体的思维方式。它是从整体的角度来看待人与自然的关系、看待人的行为及其后果。这样的思维方式对于正确看待我们今天的现代化建设也是非常重要的。由于现代化建设总是要和自然界打交道，不可能割断与自然的联系，故生态文明建设必然纳入其中，成为现代化建设的题中应有之义，即我们要建设的现代化是人与自然和谐共生的现代化。全面的现代化要求经济更加发展、民主更加健全、科教更加进步、文化更加繁荣、社会更加和谐、人民生活更加殷实。要达到这一目标，必须在坚持以经济建设为中心的同时，加强生态文明建设，避免现代化建设的"木桶效应"。毋庸置疑，现在我们的短板就是生态文明建设。这样的发展现实，要求我们必须补上这块短板，切实加强生态环境治理。

　　加强生态文明建设，最重要的是树立新发展理念，转变发展方式，实现绿色发展。绿色，常常被人们喻为生命色、自然色。绿色发展，实质上就是要实现人与自然的和谐共生。绿色发展作为一种新的发展方式，诚如有的学者所说，它不仅要做减法，如关闭一些污染的产业和企业，更重要的是做加法和乘法，形成新的消费升级动能、经济增长动能和创新发展动能。为此，必须牢固树立绿色发展的理念，坚持节约优先、保护优先、自然恢复为主的方针，形成节约资源和保护环境的空间格局、产业结构和生产方式。首先是要建设绿色经济体系。这就是要建立健全绿色低碳循环发展的经济体系，切实改变过去那种拼消耗、高排放、粗放扩张的发展模式，从源头上推动经济实现绿色转型。其次是要构建绿色创新体系。这就是要促进科技创新与环境保护的深度融合，加强新材料、新能源、新工艺的开发利用，发展壮大节能环保产业、清洁生产产业、清洁能源产业，加快形成新型生态产业体系。再次是构建绿色能源体系。这就是要推进能源生产和消费革命，加快发展风能、太阳能、水能、地热能等，推进资源全面节约和循环利用，降低能耗、物耗，提高能源利用效率。

（三）更好地提升整体文明水平

　　"生命共同体"的理念何以进入文明？这是由它背后所包含的生态哲学和生态理性决定的。作为一种理念，"生命共同体"的提出不只是对人与自然关系的反省，更为深刻的是对整个世界（包括自然界和人类社会）的存在方式、对人在大千世界中的地位、对人的行为的合理性以及对待自然态度的反省。从本原来看，文明就起源于人与自然的关系。正是有了人对自然的认识与改造，才开始有了最初的文明与文化。伴随人类认识和改造能力的增强，人类文明的水平也在不断提高。人与自然的关系是人类文明的基础。也正因其是基础，因而人对自然态度的变化，人与自然关系的重大调整，必然会导致人类生态意识的深刻变革，导致人类文明新的变化。"生命共同体"的理念就是如此。它对人与自然关系新的理解和倡导，必然会带来新的生态文明观，进而促进整个人类文明的进步。不仅如此，生态问题虽然直接涉及的是人与自然的关系问题，但要真正透彻地理解人与自然的关系并彻底解决人与自然的关系问题，又不能仅仅停留于生态层面上，而必须考虑社会层面、政治层面、文化层面等，故人与自然的关系本质上是人的完整的文明观、世界观、价值观的投射和体现。只有从整体上和根本上调整人们的文化精神和文明理念，转变对世界的根本态度，人与自然的关系才能得到合理的理解和把握，才能获得有效的解决。就此而言，人与自然关系的状况不仅仅是整个文明体系中的一个部分，更为重要的是整个文明体系综合作用的结果。如果不从根本上端正对文明的认识，端正对文明体系内在联系的理解，"生态"还是生态，不可能真正进入"文明"。完整、深入地领悟"生命共同体"，可以超越对人与自然关系单纯生态层次上的理解，使其上升到文明层次，从而提升整个文明水平。

"生命共同体"理念的一个重要特点，就在于不是孤立看待自然，而是将人置于其中，从人与自然的"关系"上来看待自然。这显然是一种文明的视角。因为文明不文明，主要是相对人而言的，离开了人来孤立地谈论自然，无所谓文明与否。文明说到底是对于人的意义与价值。在这方面，"生命共同体"的理念与马克思关于自然史和人类史的理解是一致的。马克思在《德意志意识形态》中指出："历史可以从两方面来考察，可以把它划分为自然史和人类史。但这两方面是不可分割的；只要有人存在，自然史和人类史就彼此相互制约。"① 在《1844 年经济学哲学手稿》中也指出："历史本身是自然史的一个现实部分，即自然界生成为人这一过程的一个现实部分。自然科学往后将包括关于人的科学，正像关于人的科学包括自然科学一样：这将是一门科学。"② 马克思所讲的意思是非常清楚的，即无论是历史，还是科学与文明，都离不了自然与社会、自然与人类。只要是对文明的深入考察，必须探讨人与自然的关系；反过来，只要是对人与自然关系深层次的研究，必须借助人类文明的整体考察。通过这样的双向互动，既对生态文明的内涵及建设任务有了深刻正确的理解，又对人类整体文明的内容，我国社会主义物质文明、精神文明、政治文明、社会文明、生态文明建设的整体性，相辅相成特性有正确的认识，从而更好地推动中国特色社会主义事业全面发展，推动我国社会整体文明的进步。深入研究和努力贯彻"生命共同体"的理念，其意义和价值也在这里。

---

① 《马克思恩格斯文集》第 1 卷，人民出版社 2009 年版，第 516 页。
② 《马克思恩格斯文集》第 1 卷，人民出版社 2009 年版，第 194 页。

第七章　绿色发展：新的发展理念

在新的历史条件下，我们党在对待生态环境问题上明确地提出要实现"绿色发展"，这是一种新的发展理念。这一理念是在发展方式上的一个重大理论创新，是生态文明的一个重大理论自觉。"绿色发展"作为一种新的发展理念，既是对以往生态文明观念的继承和发展，又衔接了时代社会经济要求，是推进生态文明建设和社会主义现代化全面建设的思想指引。

一、绿色发展的当代凸显

绿色发展理念是在深刻分析世界各国发展现状以及我国生态环境问题日益凸显的基础上提出来的，是在深刻认识和把握经济发展规律和人类社会发展规律的基础上提出来的。随着社会生产力的快速发展，人与自然的关系日趋复杂：经济越发展，人与自然之间的关系越是趋于紧张，环境治理的代价也越来越大。因此，实现绿色发展，这是人类社会永续发展的必然要求，更是时代发展的必然选择。

（一）绿色是永续发展的底色

绿色发展理念既有深刻的历史溯源，又有丰富的理论积淀。在古代，儒家的"天人合一"、道家人与自然的和谐相处、佛家的众生平等，就是生态意识的明显体现。在当代，这种生态意识直接关涉经济和社会的永续发展。对于永续发展，早在 1987 年，联合国环境与发展世界委员会《我们共同的未来》报告中就提出，发展应当是一个满足现在的需要，而不危害未来世代满足其需要能力的发展。关于发展的这一界定，实际上就明确强调了代际之间的永续发展，即人类现代社会的发展不能以牺牲后代的发展为代价。

绿色发展理念作为永续发展的底色和必要条件，主要体现在如下方面：第一，面对全球生态环境问题和生态能源危机频发的严峻局势，只有坚持绿色发展，才能实现自然资源和生态环境的永续发展。第二，在全球经济发展进入瓶颈期，传统经济发展方式难以为继的形势下，只有转变经济发展方式、倡导绿色发展模式，才能实现经济的永续发展。第三，在全球化深入发展的条件下，只有实现各个国家、民族的绿色发展，才能谋求整个人类社会和人类文明正常发展。

1. 绿色发展与经济永续发展

经济永续发展，是整个社会永续发展的前提。工业文明时期，大机器生产一方面带来社会生产力的提高，物质产品的极大丰富；另一方面也带来了严重的环境污染问题。1952 年，发生在英国伦敦的雾霾事件震惊全球，1 万人以上因烟雾事件而死于呼吸系统疾病。这是人类忽视大自然的承载力和自我修复能力，一味地向自然索取而引发的后果。新中国成立初期，由于国家重工业落后，所以优先发展重工业、制造业。长期以来，制造业作为我国经济发展的"火车头"，既为国民经济打下了基础，同时也带来了一系列的资源、生态、环境问题。我国的 GDP 能耗与碳排放量长期居高不下，导致资源快速消耗，生态环境急剧恶化。实践表明，粗放型经济发展模式已不再符合经济发展的要求，也不能实现经济的永续发展。在此背景下，坚持经济的绿色发展，必然成为我国经济发展的客观要求。这就是要通过经济增长方式由粗放型转变为集约型，减少环境、能源等要素的投入，增加新科技、新工艺等环保高效生产要素的投入，从而降低能源的损耗和减少环境的破坏程度；在提高绿色生产效率的前提下，降低产品成本，获得更大、更环保的经济效益；通过不断调整我国的产业结构，坚持绿色发展理念，巩固农业结构，着重改造第二产业，加快发展第三产业，提高服务业在国民经济中的比重。发展新兴产业，挖掘潜力大的、环保绿色的经济项目，注重科技创新产业带来的巨大的经济效益，实现从制造业为主向服务业为主的结构转变，把发展服务业作为经济转变的战略要点，不仅能快速解决就业问题，还能实现一、二、三产业的融合发展，寻求经济结构内部的深层次改革，源源不断地提供经济效益，实现经济的永续发展。

绿色发展不仅要求人类社会注重解决生态环境的恶化问题，还要求在经济发展过程中始终坚持绿色理念，实现生产过程和生产结果的绿色化、生态化。这就是要不断推进科学创新，提高绿色经济生产效率，把绿色发展理念应用于生产、生活的各个方面，构建自然生态环境和人类社会的绿色发展框架，不断追求绿色低碳循环发展和可持续发展，实现人类社会的永续发展。

2. 绿色发展与自然资源和生态环境永续发展

自然资源和生态环境的永续发展，是经济社会永续发展的基础。我国人均资源相对紧缺，环境承载能力较弱，加之自然资源具有不可再生性。因此，要充分考虑地球上所存在的生态能源、水、空气等自然资源以及自然环境的永续发展，密切关注社会生态环境问题，实现自然资源和生态环境的永续发展，留给后代一片蓝天。

生态环境的破坏，影响范围广、危害程度高，其带来的后果往往是不可逆的。震惊世界的八大公害事件就是由现代化学、冶炼、汽车等工业的兴起和发展造成的环境污染破坏性事件，其引发的环境污染问题引人深思。能源是人类社会永续发展的物质基础。我国因国土资源丰富，能源种类众多，在世界能源占有量排名中占优势地位。但是，当前摆在我国乃至世界各国面前的突出问题，就是能源使用效率不高，能源浪费严重。多数发展中国家不顾后代能源可使用量问题，无节制地开采各种可再生资源和不可再生资源，导致矿区坍塌事件时有发生；由于资金和技术设备的匮乏，重工业污水、尾气排放利用率低而引发的严重环境污染问题屡见不鲜。就我国煤炭能源的使用来说，所产生的污染物排放到自然中，破坏了整个生态系统的平衡；无节制的开采且不回填导致严重的地下水土流失，进而影响到矿区的农业种植，对森林环境造成破坏。为此，习近平总书记在 2016 年第 45 个世界环境日指出："在生态环境保护问题上，就是要不能越雷池一步，否则就应该受到惩罚。"① 从道德伦理的角度看来，我们这一代消耗的能源量越多，留给后代的可使用能源量就越少，显然这不符合自然资源与生态环境的永续发展。

绿色发展是建立在保护生态环境基础上的社会发展模式，它突出了我国当今发展进程中的侧重点。第一，坚持绿色发展理念，能够在能源开采的第一步就进行有序开采，从源头上杜绝无节制开采，充分考虑到后代可使用能源量的问题；第二，坚持绿色发展理念，能够使人类在使用生态能源的过程中更加注重生态效益，推动提高能源使用率的高科技技术以及再循环技术的研发，大力发展生态工业和生态经济；第三，坚持绿色发展理念，能够加快人类治理环境污染的步伐，推进工厂污水治理、居民生活污水再处理，提高污水的循环再利用。总之，只有坚持绿色发展，才能在开采源头、生产过程、后期治理等各个阶段实现生态能源与环境治理的和谐发展，才能给人类的后代留下充足的能源以及适合人类居住的生态环境，才能贯彻落实"绿水青山就是金山银山"的理念，才能真正实现自然资源和生态环境的永续发展。

① 《习近平谈治国理政》，外文出版社 2014 年版，第 209 页。

3. 绿色发展与人类社会永续发展

人类社会的永续发展是以自然资源和生态环境永续发展、经济永续发展为前提的，是我们追求永续发展的最终目标。人类社会的永续发展，涉及社会公平正义问题，既要保证同一世代的公平，也要保证世代之间的公平。人类社会的永续性，要求当代与后代都能够平等地拥有舒适的居住环境、健康的食物、清新的空气等基本需求，因而必须用绿色发展来引领人类社会的永续发展。

同一世代中，任何一个国家或民族的行动都会对相邻地区产生影响，这种影响既包括积极影响也包括消极影响。当一个国家或民族的发展建立在损害其他国家利益基础之上的时候，国家间的对立紧张关系就会出现，同代之间的公平就会被打破。在现实生活中，发达国家在其发展过程中，总是把高污染劳动密集型、能源密集型企业转移到发展中国家，以破坏发展中国家经济社会环境为代价，追求自身的经济利益的发展。这种行为不仅对当代发展中国家来说不公平，而且对发展中国家的后代来说更加不公平。所以，同一世代中，坚持绿色发展是一种必然选择。

代与代之间更要实现公平。当代人要给后代人留下充足的自然资源与美好的自然环境。超越自然界的承受能力而过多地向自然界索取，不利于实现整个社会的永续发展。因此，要不断地探寻人、自然、社会的和谐共处方式以实现社会的永续发展。地球的承载能力是有限的，当代人的过分索取，势必会缩短地球的生命，留给后代的只能是极少的自然资源和能源，导致人类社会发展不能永续。这种不公平就体现在自然资源的可使用量和剩余量的问题上，即所谓"代际存储"。正常的"代际存储"，就是指每一代人在遵守代际公平的前提下，既享受上一代人留下的成果，又为后一代留下存储，为后代的生存与发展尽一份职责，充分保障后代人的利益，这种利益既包括绿色生态的建设，又包括发展绿色经济，解决并改善现有的恶劣生态环境，提高资源使用效率等可持续发展举措，从而实现代与代之间的公平正义，实现人类社会的永续发展。

（二）绿色是人民对美好生活追求的重要体现

中国特色社会主义进入新时代，"我国社会主要矛盾已经转化为人民日益增长的美好生活需要和不平衡不充分的发展之间的矛盾"①。社会主要矛盾的转化，带来的直接影响就是，更大程度上实现美好生活成为时代发展的重要任务。美好生活需要同制约美好生活实现因素的矛盾是当前中国社会的主要矛盾，怎样解决这个矛盾，达到什么样的要求。作为新发展理念，绿色既是解决矛盾的手段和途径，同时也是矛盾解决的重要体现。实现美好生活要靠绿色，而美好生活同样表现为绿色。绿色是人民对美好生活追求的重要体现，坚持绿色发展是实现人民对美好生活向往的根本保障。人民对美好生活的追求不是抽象的，而是具体到社会发展的各个方面，体现在经济、政治、文化、社会、环境等方面。绿色发展是一个包含绿色经济发展、绿色政治发展、绿色文化发展、绿色社会发展、绿色环境发展等方面的有机整体。绿色发展理念将绿色融入社会发展的各个方面，从不同的维度体现人民美好生活。

1. 绿色发展与人民的美好经济生活

经济发展能够给美好生活提供基本的物质需要，但是，不同发展模式的经济发展带给美好生活的内涵和外延是不一样的。人民的美好经济生活需要绿色经济发展。绿色经济发展是指在环境保护和优化生态活动等绿色发展中获取经济价值。大力推进绿色经济发展，人民群众不断地获得生态环境福祉，在环境发展的过程中获取经济价值，提高生活质量和生活品位。绿色经济发展通过绿色生产、绿色消费、绿色生活不断改变人们的生活，在不断获得经济价值和环境价值中使生活更美好。

---

① 《习近平谈治国理政》第三卷，外文出版社 2020 年版，第 9 页。

绿色生产通过保护和修复环境的生产转型推动经济发展，提高经济生活质量。绿色生产意味着粗放型经济发展已成为过去。以往，面对复杂的国内外环境以及落后的社会生产现实，通过扩大生产把经济增长作为第一甚至唯一的生产目标。这一方面确实提高了我国的经济发展水平、改善了人民物质生活水平，但另一方面也给我国的自然环境造成了极其严重的后果。各种生态环境问题的出现，危害人民身体健康，不断降低人民的生活质量，不断阻碍我国人民对美好生活的实现。绿色生产意味着在生产角度寻求经济发展与环境保护的平衡点。绿色生产在推动经济增长的同时，能够通过产业升级转型、环保技术更新、生产管理能力提升等方面促进环境友好型技术和产业的发展，降低能耗和物耗，保护和修复生态环境，实现绿色经济发展目标。绿色生产是从基础意义上改善人与自然的关系，在给人们提供必需的物质产品的同时，又不破坏自然环境，实际上就是提供了美好生活的自然基础。

绿色消费通过扩展绿色消费对象范围和倡导绿色消费方式推动经济发展，提高经济生活质量。美好生活是一定包含消费的，而且表现为绿色消费的内容，只有绿色消费才是美好生活需要的消费模式。绿色消费对象是指消费活动购买的产品和服务符合环保标准且生产和服务过程能够保护或修复环境。扩大绿色消费对象的范围会促进绿色生产的发展，绿色生产的发展也会进一步刺激绿色消费，从而促进繁荣绿色经济发展，提高美好生活质量。美好生活所提倡的绿色消费方式是一种适度的节约型消费，包括减少非必要消费、物资的回收利用等方式。倡导绿色消费方式，能够有效减少资源浪费，促进经济循环发展，从而使美好生活成为可持续的现实模式。

绿色生活是践行绿色经济发展、提升经济生活的根本大计。"光盘行动"的节约时尚、公共交通出行的低碳时尚、共享资源的环保时尚等都是绿色生活方式。这些绿色生活方式在保护环境的过程中产生环境价值，在推行绿色生活方式的过程中带来了新的经济发展机遇，在环境价值与经济价值共同作用下实现美好经济生活。美好生活就是一种绿色生活，这种生活是在生态文明全领域提倡绿色的生活模式，是一种全过程的具体的生活模式。绿色生活模式与自然环境之间是一种参与式和交互式生活模式，由于其与生态环境形成一种良性的关系，人们在绿色生活模式下感受的是美好的体验，从这个意义上说，绿色生活是美好生活的重要表现方式。

2. 绿色发展与人民的美好政治生活

人民的美好政治生活需要绿色发展，美好政治生活本身就是美好生活不可或缺的组成部分。大力推进绿色发展，有利于在政治建设中实现绿色发展，在政治现代化进程中形成绿色执政理念，保障人民群众的美好政治生活；大力推进绿色发展，有利于从政治的高度认识绿色发展，并将绿色发展理念有机融入政治发展进程中，推动美好政治生活的实现。

在政治生活中，中国共产党作为领导核心需要加强全面从严治党，推进依法执政、民主执政、科学执政。对人民群众反映强烈的政治需求问题也需要从执政理念、执政路线、执政方略和执政实践影响等多维度进行考量。因此，中国共产党应推行绿色执政，绿色执政就是要求我们党始终将人民群众的政治需求干干净净地提供给人民群众，要让人民群众感受到政治生活的美好。要坚决防止出现绿色执政意识淡漠的问题，在绿色发展进程中推动绿色执政观发展，通过更高质量的执政保障美好政治生活。

绿色发展过程中要营造风清气正的政治生态，丰富美好政治生活。在绿色发展进程中加强政治生态建设，要大力营造"无垢"式的清朗清新的政治生态，要稳固美好的政治生活，使广大人民群众能够沐浴清朗的政治生态环境中，不仅能够享受到各种政治权利，同时也可以在风清气正的政治环境中不断促进美好生活的实现。

3. 绿色发展与人民的美好文化生活

人民的美好文化生活需要绿色文化发展。绿色发展需要绿色文化的引领，绿色文化是绿色发展之魂。绿色文化发展能够提升人民群众的绿色认识、打造独特的绿色文化内涵、坚定人民群众的绿色文化共识。

绿色文化与美好生活的联系关键在于要以马克思主义为绿色文化发展的内核和基础。马克思主义关注人与自然的关系，强调人与自然要和谐相处。"我们不要过分陶醉于我们人类对自然界的胜利。对于每一次这样的胜利，自然界都对我们进行报复"①。马克思主义是科学认识人与自然关系的学说，绿色文化发展中，要坚定马克思主义在意识形态领域的指导地位。马克思主义的绿色文化强调人民性，主张文化生活从人民出发，服务人民，由人民评判。挖掘并提炼马克思主义中蕴含的绿色文化，关键是要融入美好生活的内容，在马克思主义大众化的进程中推动绿色文化发展传播，提升人民群众的绿色认识，提升美好的文化生活质量。

人们对于美好生活的追求很早就体现在中华优秀传统文化之中。中华优秀传统文化中的绿色文化主张人与自然共生，实际上展现的就是美好生活的重要图景。"天人关系"是我国农业文明的首要议题，"天人合一、万物共生"是我国传统文化对人与自然关系的最高认识。弘扬中华优秀传统文化的绿色文化理念，本身就是美好生活在文化层面的体现。中国传统文化富含具有中国特色的绿色文化，要坚持创造性转化、创新性发展中国优秀传统文化中的绿色文化，有助于打造独特的绿色文化内涵，丰富美好的文化生活内涵。

美好生活的追求只有上升到核心价值观层面，才能成为社会的普遍共识。社会主义核心价值观中富含绿色文化，国家层面的"文明"包含生态文明的内核，社会层面的"和谐"蕴含人与自然和谐共生的蕴意，个人层

---

① 《马克思恩格斯选集》第 3 卷，人民出版社 2012 年版，第 998 页。

面的"友善"涵盖人对自然界友善的意义。美好生活就是要求从社会主义核心价值观层面形成对绿色的认同，通过教育引导、实践养成等形式，培育和践行社会主义核心价值观，推进绿色文化发展，坚定人民群众的绿色文化共识，打造美好的文化生活。

4.绿色发展与人民的美好社会生活

美好社会生活是美好生活最直接的体现，社会生活从人民群众最紧密相关的领域展现了美好生活的具体内容。人民的美好社会生活需要绿色社会发展。绿色社会发展是全社会通力合作的系统性工程。绿色社会发展的核心是良好的生态环境，是最普惠的民生福祉，绿色社会发展的方法是构建绿色社会共同体。

良好的生态环境是最普惠的民生，绿色社会发展就是打造良好的生态环境。良好的生态环境是最普惠的民生，表现在三个方面：一是环境治理解决了人民的健康需求，实现生态惠民、生态利民。二是绿色社区、绿色城市等建设满足人民的生态需求，为人们亲近自然、认知自然、享受自然创造条件。三是绿色生态建设、维系的过程中，提供就业岗位、带来经济效益。这三个方面表明，生态环境是关系民生的社会问题。因此，要从民生改善与人民福祉的角度去改善生态环境，人民群众要生活在良好的环境中满足健康需求、生态需求，还要通过良好的生态促进人民社会生活的提升。

绿色社会发展要通过构建绿色社会共同体，进一步推动美好社会生活。人与社会作为一个命运共同体，必须将绿色发展理念贯穿其中，要通过构建全社会的绿色发展利益共同体、绿色责任共同体、绿色参与共同体和绿色共享共同体，进一步完善绿色社会管理制度、绿色社会公众参与制度，通过构建全民参与的社会行动体系，发展高质量社会。努力改善人民生存社会环境，提高人民生活品质，更好地满足群众对生态优先、绿色发展美好社会生活的热切期盼。

5. 绿色发展与人民的美好环境生活

人民的美好环境生活需要绿色环境发展。环境生活是一个综合性的系统，人类活动会影响环境生活，环境生活反作用于人类活动。绿色环境发展就是通过保护自然、"人化自然"、顺应自然的过程，实现人民对美好环境生活的追求。

绿色环境发展通过保护环境打造美好环境生活。保护环境是解决已经出现的或潜在的环境问题。绿色环境发展要解决已经或即将要出现的环境问题，从而打造美好环境生活。因此，绿色环境发展可以通过环境工程技术、行政管理、宣传教育等方法和手段，有意识地进行环境问题治理或环境问题预防，从而打造适合人生活、工作的美好环境。

绿色环境发展是积极的"人化自然"的过程，对美好环境生活有促进作用。"人化自然"是人类活动改变自然界的过程。绿色环境发展是实现人与自然和谐统一的积极地改变自然的过程，因此，绿色环境发展对美好环境生活有积极的促进作用。绿色环境发展又要依靠每个社会成员的共同努力，每个人都应成为营造美好环境生活的践行者、推动者。为此，要激发出每个人的环保热情，让人人于细微处尽一份环保绵力，不断满足人民群众日益增长的优美生态环境需要，实现人民对美好环境生活的追求。

绿色环境发展通过顺应环境保持长期的美好环境生活。顺应是在理解规律的基础上，遵循规律并应用规律的行为。工业文明所带来的环境恶果不容小觑，水资源的浪费与污染、生物多样性的锐减、沙尘暴天气的频发，这就是不顺应环境的结果。绿色环境发展是理解自然规律、尊重自然规律并科学应用自然规律的环境发展过程。因此，绿色环境发展通过科学保护、合理利用，形成绿色的生产和生活方式，转变发展理念，践行生态文明思想，促进人与自然和谐共生，长期保持美好生活。

（三）"绿色发展理念"的现实意义

1. 绿色发展与人的全面发展

从人的发展的全面性角度来理解绿色发展，主要涉及人与人、人与自然和人与社会之间的关系。一是在人与人关系中保持协调、包容和可持续性的发展理念。人作为社会的人，不能脱离社会而独自存在。人与人的长久交往需要良好沟通和维系纽带，以改善问题和化解矛盾，促进人与自然、人与社会关系的持续发展。二是在人与自然关系中保持可持续性的发展理念。自然是人类赖以生存和发展的前提和基础，人们依赖自然界提供的生产生活资料生存发展，而绿色发展理念是促进人与自然可持续发展的关键所在。三是在人与社会的关系中保持可持续的发展理念。在人与社会关系的发展过程中，注重绿色发展，能防止人与自然关系之间的恶化，使人的发展与整个自然和社会的发展良性运转。因此，实现绿色发展，离不开全社会和每一个人的共同参与、每一个人的身体力行，看似微不足道，却可以汇成绿色发展的巨大合力。

2. 绿色发展与人的需求发展

人的需求是多层次的，需要的变化推动着人类社会进步。马斯洛需要层次理论表明，生理需要是最初始的需求，其次才是安全、社交、尊重以及自我需求。一个人在后天的努力中所取得的成就取决于自身需求的程度，需求程度越高，实际行动的效率就越高，自身发展就越全面。人的生存需要的发展不仅需要较高的生产力发展水平，还需要经济的绿色可持续发展，使生产力发展与生态环境相协调。只有实现经济发展与生态、环境、能源的可持续协调发展，才能使人的基本生存需要得到更好的满足。因此，人要正常生存发展，必须处理好物质需求与精神需求的关系，在追求经济高质量发展的过程中，实现人精神层面的发展，从而形成维护生态环境的自觉意识。

3. 绿色发展与人的自由发展

人的发展的最高境界是人的自由全面发展，是人的本质的真正实现。在马克思看来，共产主义社会"将使自己的成员能够全面发挥他们的得到全面发展的才能"[①]。只有在共产主义社会里，才能实现人自由全面发展的目标。人的自由发展主要体现在：第一，外部世界表现为人不受外界力量的束缚和控制，通过一系列的实践活动满足自身发展需要。这就需要一个比较合适的自然环境和社会环境，而人自身确立绿色生活方式和生活理念是营造这些环境的重要因素。第二，在人与人关系上，人的自由发展表现为人对于他人关系的自由选择，这就需要在人与人的交往中树立绿色和谐的交往观念，在保证各自利益实现的前提下能够进行正常的社会交往。正因如此，习近平总书记倡导绿色发展理念，就是立足人民的主体地位探寻实现人民对美好生活的追求，进而上升到人的全面发展的思想高度，实现一切发展的最终目的——人的自由发展。历史和现实证明，绿色是一切发展必须坚持的前提，只有坚持绿色发展，才能不断推进人的全面发展，实现"中国梦"的美好蓝图。

二、绿色发展与经济发展新常态

当前中国正处于转型期，社会正经历着深刻的变革，新情况、新问题层出不穷，例如消费增长难度较大、投资增长缓慢、通胀问题逐渐显现、工业快速发展的同时出现产能过剩等，都将给绿色经济发展带来阻力，进而与绿色发展的目标背道而驰。在绿色发展目标的宏观要求下，以现今中国经济发展所处阶段为基础，笔者试图从转变经济发展目的、转变经济发

[①] 《马克思恩格斯文集》第 1 卷，人民出版社 2009 年版，第 689 页。

展动力、转变经济发展方式这三个层面来具体阐述经济发展新常态的实现路径。

（一）绿色发展要求发展目的的转变

新中国成立后，党和政府提出了"以工业化为基础，优先建立和发展重工业"的国家经济发展战略，顺利推行并初步建成新中国的工业体系、取得经济建设的巨大成就。改革开放以来，随着中国经济的快速发展，又逐渐形成了"高污染、高耗能、低附加值"的粗放型发展模式。这种模式所造成的资源、能源浪费，生态环境的严重破坏，成为制约经济社会发展的瓶颈。因此，转方式、调结构成为中国经济健康增长不可回避的问题，更是绿色发展的必由之路。

绿色发展理念要求根除传统以纯粹的经济增长为目的的经济发展活动，使经济发展目的转变为惠民与富国，即一切经济活动的出发点是为了实现人民幸福与国家富强。"十四五"规划建议强调，坚持绿色发展，着力改善生态环境，要正确处理经济发展同生态环境保护的关系，"坚持生态优先、绿色发展，推进资源总量管理、科学配置、全面节约、循环利用，协同推进经济高质量发展和生态环境高水平保护。"[①] 这就是首先要绿色惠民。既要坚持人民群众的主体地位，又要保护民生，"环保便是改善民生"。将经济发展、生态环境保护与民生改善统一于一体，突出强调生态环境保护在经济发展、民生改善过程中所起到的基础性作用。其次是要绿色富国。绿色富国是中国经济增长现状和社会发展的现实需要。"绿水青山就是金山银山"，实际上指明了优越的自然环境是经济增长和社会发展的基础。绿色惠民、绿色富国突出了生态环境保护在经济社会发展过程

[①]　《中华人民共和国国民经济和社会发展第十四个五年规划和 2035 年远景目标纲要》，人民出版社 2021 年版，第 118 页。

中的基础性作用，符合当今社会绿色发展的要求，更富有时代精神和中国特色。

（二）绿色发展要求发展动力的转变

"创新、协调、绿色、开放、共享"五大发展理念作为一个统一体，必须予以全面的理解和把握。创新作为五大发展理念之首，是在对我国社会实际发展状况予以审视之后提出的，是新常态背景下重要的经济发展战略，亦是推动民族进步和社会发展的不竭动力。

1. 创新是驱动经济社会发展的第一动力

习近平总书记指出："全面建设社会主义现代化国家，实现第二个百年奋斗目标，创新是一个决定性因素。"[1]在过去的几十年里，中国经济发展走的是高消耗、高污染、高投入、低产出的道路，但随着资源、劳动力等要素价格的上涨，仅仅依靠低成本要素发展经济的方式已经难以为继。在创新驱动发展战略过程中，从经济效益、社会效益和环境效益三者相统一的角度出发，对现存的主导技术体系进行绿色化筛选和改造，重点突破绿色经济发展过程中存在的技术性难题，走资源节约型、环境友好型的发展道路，成为驱动经济发展新常态的重要引擎。因此，加大绿色创新的力度、广度和幅度，积极向绿色经济发展方面倾斜，促进绿色技术的市场化、产业化，才是经济社会可持续发展的根本出路。

2. 创新引领绿色生产和绿色消费

在经济新常态的时代背景下，中国特色社会主义政治经济学为寻求生产力的革新，在创新发展理念的引领下，提出了两个助力经济增长的新动力：一是创新的驱动力，主要是指利用科技来创新经济发展方式。二是消

---

[1] 习近平：《把科技的命脉牢牢掌握在自己手中 不断提升我国发展独立性自主性安全性》，《人民日报》2022年6月30日。

费的拉动力，突出强调居民消费对经济发展的积极作用，充分肯定消费需求是经济发展可靠的、可持续的推动力。在经济领域，生产与消费作为一对矛盾体，两者之间存在着辩证统一的关系：一方面生产决定消费，另一方面消费对生产具有重要反作用。因此，若要依靠消费的拉动力来促进经济持续健康增长，必须要以创新引领绿色生产。一则强化公民绿色生产、绿色消费意识。公民既是绿色消费的主体，又是监督绿色生产的重要力量，通过宣传和弘扬"要像保护眼睛一样保护生态环境，像对待生命一样对待生态环境"的绿色发展理念，来激发和强化公民的绿色消费意识和监督绿色生产的权利意识。二则完善国家政策。创新引领绿色生产需要国家政策作保障，通过进一步完善我国现行的绿色消费政策，对税收优惠、财政补贴、资源价格、绿色信贷、绿色产品、创新产品目录等方面加强调控，引导绿色生产、绿色消费长效机制的实现。三则制定绿色生产标准。基于生命健康及生态环境危害程度的指标数据，分类制定绿色产品与服务的各项标准，同时完善相应的目标考核机制和奖惩制度，对高耗能、产能过剩的企业予以坚决取缔，从而抑制高耗能和资源浪费。因此，创新是驱动我国经济转型升级、低碳产业革命的根本保证。

3. 创新引领绿色发展的科技进步

现代社会是科技日新月异的信息化社会，先进的科技手段是工业文明向生态文明转变的重要保障。科技创新是创新发展的关键，是创新驱动的基点。习近平总书记指出："科技自立自强是国家强盛之基、安全之要。"[1]传统的化石能源是一种自然禀赋，而清洁能源发展具有规模经济效应。通过创新生态技术研发机制，提升科技成果的生态化应用水平，可以极大地提高生态治理的效率和效果，其技术手段的多维度创新是对生态治

---

[1] 习近平：《把科技的命脉牢牢掌握在自己手中 不断提升我国发展独立性自主性安全性》，《人民日报》2022年6月30日。

理起直接作用的关键环节。当今中国在发展进程中，要坚定不移地走中国特色的自主创新道路，始终把人与自然的和谐共生作为目标，不断地加大科技创新力度，依靠知识与科技创新促进经济发展方式的全面变革。同时，绿色发展更应侧重于生态经济的发展，需要大力推动重大环境问题系统性技术解决方案和共性技术研究，为确定生态环境治理重点和技术路线提供科学依据，逐步形成与我国经济社会发展水平相适应的资源高效利用技术体系，为绿色发展提供创新引领和强有力的科技支撑。

4.创新引领绿色发展的现代化经济体系建设

习近平总书记指出："进入新发展阶段明确了我国发展的历史方位，贯彻新发展理念明确了我国现代化建设的指导原则，构建新发展格局明确了我国经济现代化的路径选择。"① 创新引领绿色发展的现代化经济体系，主要强调创新发展和绿色发展两个方面。其一，强调创新发展，是因为我国经济已由高速增长阶段转向高质量发展阶段，高质量发展要求经济发展动力转换，而创新是引领发展的第一动力。绿色技术创新不再局限于单纯降低生产成本、提高经济效益层面，而是强调通过建立经济、资源、环境相协调的管理模式和调控机制，"倒逼"生产者将资源环境成本计入生产成本，不断加速生产过程的绿色化、智能化和可再生循环进程，持续引发各类生产组织在发展战略、产品服务、组织制度等方面的绿色转型，进而推动构建绿色、高效、低碳的生产体系。这无疑会转变高投入、高消耗的粗放型发展模式，为实现经济与资源环境相协调的高质量发展注入新动力。其二，强调绿色发展，是因为我们始终将实现人与自然的和谐共生作为发展目标。从经济发展角度出发，建设现代化经济体系，就要协调经济发展与生态环境之间的关系，牢固树立保护生态环境就是保护生产力、改

---

① 习近平：《论把握新发展阶段、贯彻新发展理念、构建新发展格局》，中央文献出版社2021年版，第487页。

善生态环境就是发展生产力的理念；完善创新政策，推动绿色金融体系建设，推进绿色科技创新的产业化；通过标准制定、环保规制、能源结构调整等方式淘汰落后产品和过剩产能，推进自主创新产品的绿色低碳循环和产业化，以创新发展与绿色发展的深度融合来加速现代化经济体系的实现。牢固树立保护生态环境就是保护生产力、改善生态环境就是发展生产力的理念。因此，我们要抓住创新这个牵动经济社会发展全局的"牛鼻子"，建设现代化经济体系，抓住新一轮科技和产业革命的历史机遇，依托全方位、多层次、宽领域的创新推动质量变革、效率变革、动力变革，为建设现代化经济体系提供战略支撑。

（三）绿色发展要求发展方式的转变

发展的效果与发展的方式直接相关。传统的经济增长方式必然造成生态污染、生态环境的破坏。而要实现绿色发展，关键是要改变发展方式。

1.转变传统生产方式，实现绿色生产方式

传统的生产方式主要是依靠消耗大量的人力、物力、财力来实现经济增长。这种生产方式在特定历史时期可能是需要的，但从长期发展来看是绝对不可取的。尤其是在我国经济社会发展到今天，这种生产方式已远远不能适应现实发展的状况，必须实现向绿色发展的生产方式转型，这是我国生产方式转型的必然趋势，更是现代生产方式转型的时代要求。

一方面，要实现传统农业生产方式向绿色农业生产方式的转变。农业生产方式的转变与农业发展过程中存在的问题密切相关。生产方式的不科学、不恰当严重制约了农业发展进程。例如东北黑土地破坏、南方重金属污染、秸秆综合利用、华北地区水资源浪费、畜禽粪污资源化利用等问题比较突出，而且一些缺水地区还在搞大水漫灌，农业发展面临着污染的蔓延、生产成本的上升、自然生态环境的退化等问题，严重影响和制约了农业的生产和发展，农业生产方式的转变势在必行。要扭转这样的局面，必

须转变生产方式。农业生产方式的转变是扶持政策在农业经济活动中的具体体现，与资源利用、农产品质量、乡村环境等方面的关系最为直接密切。我国农业发展不仅要适应资源环境的硬性约束，也要满足人们对高质量健康农产品的刚性需求，在确保农业农村经济、生态、社会综合效益的同时，更要注重绿色可持续发展。通过汲取中华传统农耕文明所蕴含的"顺天应时、道法自然、物尽其用、保护资源"的绿色发展理念，主动采取资源节约、环境友好的生产技术，抓住绿色转型机遇，日臻提升自身的核心竞争力。

另一方面，要实现传统工业生产方式向绿色工业生产方式的转变。传统工业生产方式是工业革命后机器大工业发展的明显标志。我国传统工业生产方式以常规能源为动力，以机器技术为重要特征。随着现代科学技术和经济结构的发展需要，新兴工业不断兴起，如石油化工、合成材料、电子技术、原子能、宇航工业等，极大地改变了原有的工业生产方式和生产结构。虽然传统工业在国家经济中的地位依然重要，较短时间内不可能完全被新兴工业全部取代，但是，必须转变发展方式。对此，我国工业系统按照中央政府关于加强生态文明建设的战略部署，加快推进产业结构调整优化；提升工业部门能源效率；推进绿色循环低碳生产方式；大力发展节能环保产业；加快建立绿色发展政策机制，利用创新驱动，探索全方位迈向低碳化和绿色化的创新道路。同时，绿色的工业生产方式更加注重质量效益和可持续发展，注重大力发展新能源、新材料等新技术和新兴的绿色产业，并且重视对传统产业的绿色升级。我国通过总结和吸收国内外经验，坚持市场主导，充分发挥市场机制的决定性作用，政府也在战略规划、财税金融产业政策等方面加大制度建设，以破解能源资源约束和缓解生态环境压力为出发点，加快工业绿色转型，培育壮大绿色新兴产业。因此，必须重视对传统工业的技术改造与引导，大力推进工业绿色低碳发展，建立资源节约型和环境友好型工业体系，使我国经济迈向低碳化和绿色化，实现绿色发展的工业生产方式。

总之，推动农业绿色发展，生产方式需相应调整，既要考虑当前利益，也要考虑长远利益；既要考虑局部利益，也要考虑整体利益；既要考虑经济利益，更要考虑生态利益。

2. 以产业结构优化带动绿色发展

生态建设和绿色发展一直受到传统产业的限制。纵观我国经济结构的改变历程，由农业、种植业等第一产业向工业、制造业等第二产业转变，第二产业逐渐成为产业结构的核心。随着经济新常态的到来，我国开始重新审视第二产业所带来的资源消耗快、生产率低下、环境遭到破坏等一系列问题，通过运用科学技术手段对工艺进行改良优化，解决传统制造中存在的生态破坏问题，实现低消耗、污染少、具有生态效益的绿色制造，为绿色发展进程的顺利推进奠定基础。

产业结构优化，意味着舍弃传统生产方式，避免一系列产能过剩、资源浪费、环境污染等问题，为我国走绿色发展道路扫除阻碍。新常态下，我国走绿色发展道路既需要依靠第二产业的结构优化，也需要逐渐由第二产业转向第三产业，即向服务业转移。随着我国绿色服务业不断迅速发展，各大地区利用自身的生态优势充分发展绿色旅游业，通过绿色旅游产业链使人们认识到生态的重要性，也使绿色发展得到人们的大力支持，拉动国民内需和当地经济发展。针对不同地区人群需要，越来越多的农产品开始走电商路线，发挥互联网优势将绿色农产品物流至各家各户，不仅让人们品尝到新鲜绿色食品，也带动了物流、网络信息服务等产业，以无污染、高效率、绿色收益的方式实现产业结构优化，走出实施绿色发展的一条重要通道。

3. 以经济增长速度的转变为绿色发展提供空间

在我国，生态问题的产生与经济发展速度直接相关。生态问题产生的重要原因之一，就是长期一直追求经济发展的高速度。由于经济增长长期处于高速状态，因而对生产资料不断消耗且排污现象时常存在，社会对环境污染的治理速度赶不上资源的消耗速度，呈现出只能治标、不能治本的生态效益低下的社会治理局面。经济新常态的提出，则为绿色发展提供了新契机，中高速的经济增长为资源消耗带来了喘息的机会，"发展经济不能对资源和生态环境竭泽而渔，生态环境保护也不是舍弃经济发展而缘木求鱼。"① 从社会发展的方向来看，经济增长速度的转变，表明社会发展的总目标不再是单纯追求经济增长，而是将舍弃的部分经济效益转向了生态效益，绿色生态成为社会发展所追求的目标。从企业生产的具体目标来看，企业逐渐有节制地开采资源，充分利用资源、减少能源消耗和废物排放，生态受污程度得到一定的缓解，并且通过生产绿色产品，不断推动绿色发展的升级。因此，绿色发展在生产理念、生产方式和生产关系等方面解决了经济增长与绿色生态的紧张矛盾，不断适应着经济发展新常态，是对生态资源的重新思考和再认识，表明绿色发展已经成为适应经济新常态的内驱动力。

三、绿色发展需要处理好的若干问题

习近平总书记强调："绿水青山就是金山银山"② 。绿色发展是突破当前我国资源环境限制的必然要求，同时也是应对全球性气候变化的重要举措，对引领世界可持续发展方向具有重要的理论与现实意义。笔者以绿色发展理念为价值观导向，具体分析三个方面的辩证关系，即环境保护与环境资源开发利用的关系、生态文明与社会发展的关系、人类发展与自然永

---

① 习近平：《坚定信心　勇毅前行　共创后疫情时代美好世界》，《人民日报》2022 年 1 月 18 日。
② 习近平：《共同构建地球生命共同体》，《人民日报》2021 年 10 月 13 日。

续发展的关系，旨在使新的发展理念落到实处，以实现中国社会全方位、多层次、又好又快地发展。

（一）环境保护与环境资源开发利用的关系

习近平生态文明思想是我国生态文明建设的高度理论概括，为推动我国形成人与自然和谐发展现代化建设新格局、建设美丽中国提供了根本遵循和行动指南。要加强生态文明建设，必须深入贯彻落实习近平生态文明思想，正确处理好环境保护和环境资源开发利用的关系。

1. 贯彻落实新发展理念

新发展理念是一种全面、协调、可持续的发展理念，妥善处理好资源开发利用与环境保护之间的关系必须将新发展理念落到实处。一是要在资源开发利用的过程中注重质与量的"度"的掌控。质量互变规律告诉我们，度是区分量变、质变的最根本标志，当量的积累未超越度的范围则事物的根本性质不会发生改变；当量的积累超越度的范围则事物的根本性质会发生改变。若要保证资源的开发利用不会对环境造成破坏则必须将其控制在度的范围内，以环境的实际承载力为基础，同时在资源开发利用的前、中、后等每个阶段进行环境破坏性程度评估，严格控制破坏性行为的出现，努力完善资源开发利用和环境保护机制，进而实现人口、资源、环境和社会经济的良性循环发展，以最终实现社会整体的可持续发展目标。二是要加强生态建设。人类必须通过对自然资源的获得来满足其最基本的物质生产生活需要，在环境承载力的范围内进行资源的开发利用，谨防过度地开发利用自然对环境造成严重破坏，促进人与自然环境的和谐发展。因此，平衡好环境保护与资源开发利用的关系要从环境保护入手，加大生态环境保护和治理力度，重点解决经济发展、资源开发利用与生态环境保护、眼前利益与长远利益、速度与效益之间的关系，实现人口、资源、环境三者之间的协调发展。

2. 贯彻尊重自然、顺应自然、保护自然的基本原则

要解决环境保护和资源开发利用之间的矛盾，必须将"尊重自然、顺应自然、保护自然"的理念内化于公民之心，外化于公民之行。尊重自然是促使人与人、人与自然以及人与社会之间形成良好关系的前提。恩格斯曾明确指出："我们对自然界的整个支配作用，就在于我们比其他一切生物强，能够认识和正确运用自然规律。"① 尊重自然既不是对自然的畏惧与臣服，也不是对自然的漠视与淡然，更不是凌驾于自然之上的控制，而是将其视为一个独立的个体，与其平等相处，在充分尊重其规律的前提下改造自然以满足人类的生存发展需要，绝不可以超出其环境承载力和自我修复力。顺应自然，是在尊重客观规律的基础上充分发挥主观能动性，要在自然环境承载力范围内进行改造自然的活动。保护自然，是在尊重自然和顺应自然的基础上按照客观规律的要求对自然加以保护，是在其可承受的范围内对自然界的开发利用，以保护自然生态系统的整体性和完整性。

为此，首先要确立生态价值观底线。人们追求个人的物质生活，除了能够反映人们的个人需求以外，也能反映出一个人的价值观，其基本的生态价值观主要表现为节俭、理性又适度的消费观念。确立基本的生态价值观底线以保证价值观主体的行为不损害生态环境与长远利益，十分必要。正确的生态价值观导向必然有利于督促人欲望的节制，统筹协调好环境保护与环境资源开发利用之间的关系。其次要合理地控制私欲。人的欲望影响着人的生活方式选择，当人类为寻求经济发展而不择手段，强烈的虚荣占有欲望必然会将自然界中一切视为可占有、利用和交换的对象，故培育人类形成理性的生活发展方式尤为重要。最后要注重从日常生活做起。个人的力量虽然难以从根本上处理好环境保护与环境资源开发利用之间的关系，但不积跬步无以至千里，只要注重量的积累，以"勿以善小而不为，

---

① 《马克思恩格斯文集》第 9 卷，人民出版社 2009 年版，第 560 页。

勿以恶小而为之"为准则，从点滴小事做起，使尊重自然、顺应自然、保护自然的理念深入人心，成为每个人的生活方式，就能有效破解发展难题、增强发展动力、厚植发展优势，从而带来绿色发展全局的深刻变革。

3.加大技术投入，实现清洁生产

清洁生产是人类在生态环境承载力度和环境资源再生速度范围内对环境资源的开发利用。壮大清洁生产产业是党的十九大报告及国家"十四五"规划纲要对清洁生产发展提出的新要求。在实际生产过程中，要不断地更新和完善生产技术，以清洁能源的使用为主要生产动力来源，采用先进的工艺设备、完善管理制度体系以及综合利用等措施，提高环境资源利用效率，从源头上处理好环境问题，减少产品生产和使用过程中带来的环境问题。同时，要注重开发绿色生产技术和新型环保技术，加快生态技术的换代升级。通过攻克核心技术拓展新兴生态产业，大力发展绿色循环经济，促进经济结构优化调整，提升绿色经济、低碳经济和循环经济的比重，在绿色生产、生活与生态建设的互惠互利中谋求效率与公平、活力与秩序的平衡点，从而创新清洁生产推行模式，在更大范围更好发挥清洁生产作用。

《"十四五"全国清洁生产推行方案》从三方面对清洁生产产业发展给出了指导意见。一是加强清洁生产科技创新引领。加强清洁生产领域基础研究和应用技术创新性研究，这是使清洁生产可以不断满足更高的环保排放标准、能源利用效率、产业升级需要的原生动力。二是推动清洁生产技术装备产业化。支持企业开发具有自主知识产权的清洁生产技术和装备，着力提高关键共性技术装备供给能力，是加快清洁生产产业发展的物质基础。三是大力发展清洁生产服务业。加快建立规范的清洁生产咨询服务市场，优化咨询、审核、评价、认证、设计、改造等一站式综合服务是推动清洁生产产业发展壮大的真正沃土。因此，要推广清洁生产以提高环境资源的利用效率，妥善地协调好环境保护与环境资源开发利用之间的关系，以期更好地发挥清洁生产"节约资源、降低能耗、减污降碳、提质增效"作用，优化升级产业结构，加快形成绿色生产方式，推动经济绿色高质量发展。

（二）生态文明与社会发展的关系

生态文明是人类文明发展的新阶段，是一种以人与自然、人与人以及人与社会和谐共生、良性循环、全面发展、持续繁荣为基本宗旨的社会形态。生态文明的出现顺应社会主要矛盾转变的趋势，注重绿色、低碳、循环经济的发展，注重绿色文化的创新发展，以实现中华民族永续发展的目标。

1. 增强全民生态意识

人是认识和改造客观世界的主体，从根本上转变人错误的发展理念，努力适应生态文明形态的新要求，必须在打破固有的、传统的发展观念的基础上，强化人的生态意识。由于人的一生主要经历学校、家庭、社会三个阶段，故生态意识的培育和加强也必须从这三个阶段抓起，必须通过学校、家庭、社会三方合力为生态文明建设提供源源不断的人才。

首先，通过学校教育增强生态意识。学校是培育生态文明意识的主阵地，教师通过循序渐进的方式将系统的理论知识灌输到学生的头脑中，确保学生的生态环保意识、绿色发展意识以及生态文明意识得以树立及巩固，使学生逐渐形成认识自然的整体性思维，明确人类与自然的整体性关系，进而为形成绿色生活方式和消费模式打下坚实思想基础。其次，通过家庭教育养成绿色的生活习惯。绿色家庭是生态文明社会的重要组成部分，当每个家庭朝着生态环保方向发展，整个社会才会良性发展。要大力倡导家庭联动机制的贯彻落实，组织各家庭、家庭成员积极地培育绿色发展理念，践行绿色生活方式。最后，通过社会营造生态文明建设氛围。互联网的特点是信息传播速度快、范围广，要通过这一特点的发挥大力进行生态文明宣传，同时强化社会组织的教育功能，组织开展多种形式的环保宣传教育活动以普及环保知识，提高公众的环境保护能力。应该说，推进绿色发展理念，不仅要加强绿色生活方式的顶层设计，着力构建政府主导、社会团体和个人参与的长效运行机制，更应当建立绿色生活方式宣传联动机制，构建全民参与的绿色行动体系。使居民自愿学习绿色生活文化，自觉践行绿色生活理念，使用绿色产品，进行绿色消费，选择绿色出行，参与绿色生活行动，从而减少人类活动对自然环境造成的破坏，全面促进资源节约，持续推进绿色发展事业。因此，要把生态意识作为社会价值观念的主流观念，使人们自觉加入到环境保护活动的各个环节，促进社会发展的各方面契合生态文明形态的要求。

2. 发展绿色经济

绿色发展是时代主题，为正确处理人与自然、生态保护与经济发展的关系提供了行动指南，是经济新常态的必然选择。通过优化资源配置以及循环经济、低碳经济的发展来努力推动绿色经济的发展，努力巩固完善生态文明新形态，这是实现人民福祉、中华民族永续发展的根本要求和根本保证。

要发展绿色经济，首先要优化资源配置。任何经济的发展均要以自然资源的供给为基础，因而首先要对自然资源进行优化配置。我国虽是地大物博、自然资源丰富的国家，但自然资源的分布较为分散，在因地制宜的治理过程中，根据资源的分布状况划分好主体功能区，妥善地开发利用自然资源，实现资源的合理配置，才能为当地经济发展提供充足的必要条件。从资源分配的角度出发促进绿色经济的发展，同时从资源利用的角度出发，发展循环经济、低碳经济助力绿色经济的发展。其次要发展循环经济。宏观上，政府可向自然资源较为丰富、生态环境良好的农村地区提供一定的资金和技术支持，大力挖掘农村特色和乡村旅游业，充分利用农村物阜民丰的生活资料、自给自足的生产资料来大力发展乡村旅游业，在农村地区形成自供自销的产业链条，使得生态与经济发展直接挂钩。微观上，从企业角度出发，延长产业链条，推进生产、流通和消费的各环节的循环经济发展，从企业内部扩展到整个行业，在本行业内部推进资源循环利用产业的发展。同时建立和完善再生资源的回收、分类与再利用的制度，以从制度层面来保证循环经济的发展，推动形成循环经济发展的典型模式。最后要发展低碳经济。二氧化碳的大量排放导致全球气候发生显著变化，使低碳经济的发展提到议事日程。必须加快转变经济发展方式，着力提高低碳经济发展的相关建设能力，挖掘并充分利用可再生能源，从而促进低碳经济的发展。因此，以经济建设为中心是兴国之要，发展仍是解决我国所有问题的关键，发展绿色经济更是构建可持续发展的国民经济体系的底色。

3. 促进民生福祉

增进民生福祉不仅是绿色发展的政治目标，更是其政治要求和政治导向。习近平总书记指出："我们要心系民众对美好生活的向往，实现保护环境、发展经济、创造就业、消除贫困等多面共赢"[1]。人民群众既是生态文明建设的主体，又是生态文明建设服务的对象。强调良好的生态环境是最公平的公共产品、最普惠的民生福祉，是在新的历史条件下对我们党民生思想的完善、丰富和发展，是生态文明背景下对和谐社会发展所提出的新要求。

促进民生福祉，首先要求解决危害人民健康的突出环境问题。对环境污染采取预防为主、综合治理的措施，解决影响人们身体健康和日常生产生活的污染问题，切实维护群众的生态权益和生命健康安全。其次，促进民生福祉要求始终坚持民生方向。生态文明背景下的社会发展必须始终以

---

[1] 习近平：《共同构建地球生命共同体》，《人民日报》2021年10月13日。

促进民生福祉为政治导向，不断满足人民日益增长的美好生活需要，推进绿色崛起、促进绿色民生的广泛共识。最后，促进民生福祉要求建立完善全民共建生态文明的体制机制。生态福祉人人共享，生态建设也应该人人参与、人人贡献。建设生态文明、保护自然环境，需要全体社会成员拿出实实在在的行动，引导全体社会成员牢固树立生态理念，积极投身生态文明建设，努力形成人人、事事、时时崇尚生态文明的社会风尚。因此，只有满足人民对青山绿水的向往，提高人民的幸福指数，维护人民的根本利益，才能让广大人民享受更多的绿色福利、生态福祉。

4. 发展绿色文化

文化是一个国家和民族的智慧结晶，是一个国家和民族软实力的重要体现。绿色文化是文化创造性的重要表现，是对传统的发展观念和发展模式批判反思的成果。绿色发展离不开绿色文化的浸润与支撑。绿色文化的构建、普及与提高，有助于拉近人与自然的关系，加深人对自然的感情，从而产生保护自然、爱护自然的情怀。积极培育绿色文化，要求我们每个人都必须牢固树立生态环境保护意识，让绿色发展理念成为全社会共同的价值追求，积极地建设美丽中国，共同努力将我国建设成为生态环境优美的国家。基于绿色文化对于每个公民的要求，绿色文化是社会发展的精神资源，是绿色发展的灵魂，也是生态文明背景下社会发展在文化方面的新要求。

发展绿色文化，首先要在互融中共生。把推进人与自然和谐共生作为核心要义，促进价值取向、思维方式、生产方式、生活方式绿色化，使绿色观念融入主流价值观，在全社会形成思想自觉和行动自觉。作为一种文化现象，绿色文化与强调环保、注重生态、珍视生命等价值取向密切相关。以绿色行为为表征，体现为人与自然共生共荣共发展的生活方式、行为规范、思维方式。因此，要构建绿色制度文化，就要改革和完善社会制度规范，使社会具有自觉保护生态环境的机制，实现社会全面进步。其次要在惠民中完善。随着经济社会发展和人民生活水平提高，绿色文化和理念越来越成为人民群众的精神追求。要坚持以人民为中心的发展思想，把绿色文化发展的成效与人民群众的切身感受结合起来，顺应人民群众对清新空气、干净饮水、安全食品、优美环境的新期待，大力实施绿色惠民工程，提升人民群众的获得感与幸福感。最后要在传承互鉴中丰富发展。孟子曰："不违农时，谷不可胜食也；数罟不入洿池，鱼鳖不可胜食也；斧斤以时入山林，材木不可胜用也。"苏辙言："天之所生、地之所产、足以养人。"中华民族自古崇尚自然、倡导绿色，要善于从传统文化中汲取生态智慧。同时，也要坚持与时俱进，在传承中赋予其新的时代内涵，更好地延续历史文脉。因此，对于新时代的中国而言，我们要大力弘扬发展绿色文化正能量，提升文化的兼容性与时代性，以确保绿色文化能及时获得新的发展生机与活力。

（三）人类发展与自然永续发展的关系

马克思曾指出："自然界起初是作为一种完全异己的、有无限威力的和不可制服的力量与人们对立的，人们同自然界的关系完全像动物同自然界的关系一样，人们就像牲畜一样慑服于自然界"①。随着机器的发明创造、技术的发展进步，人类征服自然的能力逐渐增强，人类开始无节制地开发利用自然资源，结果敲响了生态危机的警钟。在生态问题中，如何处理好人类发展与自然永续发展的关系便成为一大挑战。

1. 建立健全绿色发展法律法规

习近平总书记反复强调，"生态环境是关系党的使命宗旨的重大政治问题，也是关系民生的重大社会问题。"②自然界永续发展的实现，需要法

---

① 《马克思恩格斯文集》第 1 卷，人民出版社 2009 年版，第 534 页。
② 《习近平谈治国理政》第三卷，外文出版社 2020 年版，第 359 页。

律法规的保驾护航，法律法规的健全程度影响着自然界永续发展及其实现程度，因而必须完善绿色发展法律法规体系。

首先，要明确绿色立法的深刻内涵。坚持"环境保护优先"原则，明确绿色立法的初衷。绿色发展法律体系将生态环境作为优先保护的对象，绿色立法的初衷以及最终目标是以立法的形式规范行为主体认识和改造客观世界的行为，在充分尊重生态规律的基础上对资源进行开发利用，最终实现人与自然的和谐共生。其次，要加快立法进程。以能源领域的综合性法律——《能源法》为建设重点，发挥其对于能源节约、绿色经济发展的重要作用。同时因地制宜，制定与本地实际相符合的环境法律，通过立法跟进保证永续发展的顺利进行，才能为自然界永续发展提供条件和基础。再次，要严格执法、专业司法。严格执法要求转变传统的人为方式，推崇备至法律至上理念，严格遵守生态法律条文，充分利用法律的强制力量来推进永续发展。专业司法要求在全国建立和完善统一的环境诉讼案审判标准，严肃处理全国的环境诉讼案件，以保证绿色法律法规的司法进程。最后，政府要充分发挥公民在推进自然界永续发展进程中的重要作用。在建立健全绿色发展法律法规过程中，赋予监督权，以保证公民敢于与破坏环境、阻碍永续发展的非生态行为作斗争；赋予参与权，在推进自然界永续发展的进程中广泛汲取广大公民的意见和建议，以实现永续发展全民参与，进一步推进自然界永续发展的进程，最终实现人类社会与自然界的永续协调发展。

2. 加大绿色技术创新投入

绿色技术创新投入是生态文明背景下生产方式的变革，其实施将进一步推进自然界永续发展进程。企业要实现技术创新，必须首先明确技术创新的理念，即企业在生产过程中要充分尊重发展经济环境保护的双重规律，要最大限度地提高资源利用效率，敢于对传统的高耗能、高污染的生产方式予以彻底变革，"建设绿色制造体系和服务体系，提高绿色低碳产业在经济总量中的比重。"①

首先，要以是否可再次利用为标准，对废弃资源进行分类回收，利用高新技术对所回收的可重复利用的资源进行加工，提高资源的重复利用效率。一方面，企业生产过程中主要涉及水排污和大气排污两个方面，政府要利用先进的处理技术在最大程度上减少其对环境造成的破坏。另一方面，政府要加大对绿色创新技术的扶持力度，保障中小企业的资金投入，使其陈旧的、耗能高的生产设备能予以替换。其次，要完善税制体制，将绿色税制纳入体系，根据不同企业排放废弃物的污染程度进行差异化税收，约束和限制环境破坏行为的产生。资源税改革是践行绿色发展理念的重要举措，是对生态文明建设具有较大促进作用的税制改革。新时代，我国通过完善资源税、环境保护税和消费税，构建起涵盖资源开采、生产、流通、消费、排放 5 大环节多个税种的绿色税制体系，支持绿色发展，推进生态文明建设，助力打赢污染防治攻坚战。最后，对优秀创新人才进行技能培训，明确创新意识、提高创新能力，督促其产生出创新性行为，让国内创新技术人员有机会接触和学习国外的先进技术，取长补短，以符合永续发展的现实需要。因此，"十四五"期间，在加快形成以国内大循环为主体、国内国际双循环相互促进的新发展格局大背景下，继续以绿色、低碳发展为理念，进一步推进税收制度绿色转型，以税制改革涵养绿水青山，鼓励企业调整优化产业结构，走绿色发展新路子，形成绿色生产和消费的税收制度导向，注重优秀创新人才的技能培训，推动着建设天更蓝、山更绿、水更清、环境更优美的美丽中国。

---

① 习近平：《深入分析推进碳达峰碳中和工作面临的形势任务 扎扎实实把党中央决策部署落到实处》，《人民日报》2022 年 1 月 26 日。

四、贯彻绿色发展理念所要坚持的原则

绿色发展理念是在传统发展模式的基础上，将马克思主义生态文明理论同我国经济社会发展实际相结合的创新理念，是将环境保护作为实现可持续发展重要支柱的新型发展理念。笔者主要从坚持人与自然和谐共生、坚持节约资源和保护环境的基本国策、坚持可持续发展与生态文明相统一、坚持走绿色文明发展道路四个角度分别论述实现绿色发展理念所要坚守的原则。

（一）坚持人与自然和谐共生的观念

党的十九大报告提出："我们要建设的现代化是人与自然和谐共生的现代化。"[①] 同时，将这种现代化确立为新时代坚持和发展中国特色社会主义的基本方略之一，为生态文明体制机制变革、建设美丽中国作出相应的战略部署，这是贯彻绿色发展理念、加强生态文明建设的关键一环。

贯彻绿色发展理念，必须树立人与自然和谐共生的观念。人与自然和谐共生是指人与自然是生命与共的共同体，两者之间相互依赖，同生共长。人类自诞生以来就与自然息息相关，从农业文明向工业文明转化以来，科学技术在人改造自然过程中发挥了重要的作用，给人们带来了极大的物质满足。正如马克思在《共产党宣言》中所论述："资产阶级在它的不到一百年的阶级统治中所创造的生产力，比过去一切世代创造的全部生产力还要多，还要大。"[②] 但是，人在改造自然的过程中，也自觉不自觉地违背了人与自然和谐共生的规律，给生态环境带来重大破坏，以致遭到自

---

① 《习近平谈治国理政》第三卷，外文出版社 2020 年版，第 39 页。
② 《马克思恩格斯文集》第 2 卷，人民出版社 2009 年版，第 36 页。

然界的惩罚。人类片面追求经济增长、高投入、高污染、低产出的粗放型发展模式，不仅加剧了资源有限性与人类需求无限性之间的矛盾，而且使人类赖以生存的自然环境不堪重负，生态环境成为经济社会持续发展的严重瓶颈。因此，在新形势下必须处理好人与自然的关系，使其走向新的和谐，为我国社会主义和谐社会和生态文明建设打下坚实基础，切实形成人与自然和谐共生的现代化。

马克思讲，"人靠自然界生活"①，"人是自然的一部分"②；恩格斯也讲，"我们每走一步都要记住：我们决不像征服者统治异族人那样支配自然界，决不像站在自然界之外的人似的去支配自然界——相反，我们连同我们的肉、血和头脑都是属于自然界和存在于自然之中的"③。这些话都说明，人类依附于自然，自然是人类的母亲。没有自然界，人类生存所需要的全部生活资料和生产资料就无法得到满足，人类也就不复存在。因此，人类必须尊重自然、顺应自然、敬畏自然，自觉推动生态文明建设。

党的二十大报告指出我们建设的中国式现代化："是人与自然和谐共生的现代化"④。建设社会主义生态文明，必须要正确处理人与自然的关系，形成人与自然和谐发展的现代化建设新格局。要处理好人与自然的关系，首先是要健全保护环境的法律法规。习近平总书记指出："要加快制度创新，增强制度供给，完善制度配套，强化制度执行，让制度成为刚性的约束和不可触碰的高压线。"⑤为此，要充分发挥法治对生态文明建设的规范和保障作用，运用法律法规实现社会经济发展方式转变，实现绿色发展和经济发展的和谐统一。同时，要求协调联动环境保护与污染防治，在

---

① 《马克思恩格斯文集》第1卷，人民出版社2009年版，第161页。
② 《马克思恩格斯文集》第1卷，人民出版社2009年版，第789页。
③ 《马克思恩格斯文集》第9卷，人民出版社2009年版，第560页。
④ 习近平：《高举中国特色社会主义伟大旗帜　为全面建设社会主义现代化国家而团结奋斗——在中国共产党第二十次全国代表大会上的报告》，人民出版社2022年版，第23页。
⑤ 《习近平谈治国理政》第三卷，外文出版社2020年版，第363页。

坚守生态红线和环境底线的前提下，注重把生态环境保护制度有效应用于社会实践。其次是在全社会形成绿色生产生活方式。基于供给侧结构性改革政策保证绿色产品的供给，促进人们对绿色消费的认可和支持，以绿色生活方式向绿色生产方式转变，形成绿色合力，促进人与自然和谐共生。再次是不断改变旧有的生态观念。恩格斯曾提到："我们不要过分陶醉于我们人类对自然界的胜利。对于每一次这样的胜利，自然界都对我们进行报复。"①"人是自然的主宰"，这样的旧观念已经难以适应新时代中国特色社会主义的发展要求，人类必须更新自然观念，自觉践行生态文明。因此，要让所有社会成员牢固树立起绿色发展的理念，把建设美丽中国化为全社会的良好风尚。

（二）坚持节约资源和保护环境的基本国策

我们党历来高度重视生态环境保护，把节约资源和保护环境确立为基本国策，把可持续发展确立为国家战略。2005 年 10 月，党的十六届五中全会审议通过的《中共中央关于制定国民经济和社会发展第十一个五年规划的建议》将节约资源作为我国的一项基本国策，是根据我国资源和环境现状所作出的具有长远意义的重大战略决策。2006 年 3 月，十届人大四次会议批准的《中华人民共和国国民经济和社会发展第十一个五年规划纲要》指出，要"落实节约资源和环境保护基本国策，建设低投入、高产出，低消耗、少排放，能循环、可持续的国民经济体系和资源节约型、环境友好型社会"。2006 年 8 月，国务院公布的《关于加强节能工作的决定》再次强调要落实节约资源的基本国策。2007 年 10 月，全国人大常委会表决通过新修订的《中华人民共和国节约能源法》第四条明确规定：节约资源是我国的基本国策。2007 年党的十七大则指出要"坚持节约资源和保护

---

① 《马克思恩格斯文集》第 9 卷，人民出版社 2009 年版，第 596—597 页。

环境的基本国策"。2012 年党的十八大再次重申要"坚持节约资源和保护环境的基本国策",而且在新修改的党章中也明确指出要"坚持节约资源和保护环境的基本国策"。2015 年 4 月,中共中央、国务院审议通过《关于加快推进生态文明建设的意见》,其中"总要求"中明确提出要"坚持节约资源和保护环境的基本国策,把生态文明建设放在突出的战略位置"。"十三五"规划纲要也明确提出"五大发展理念",其中之一即绿色发展,强调"必须坚持节约资源和保护环境的基本国策"。2017 年,党的十九大指出,建设生态文明是中华民族永续发展的千年大计,坚持节约资源和保护环境的基本国策,像对待生命一样对待生态环境。2022 年,党的二十大指出,无休止地向自然索取必然会遭到大自然的报复,我们要坚持节约保护优先、自然恢复为主的方针,像保护眼睛一样保护生态环境。在党和国家的高度重视下,节约资源和保护环境已经成为时代的强烈共识,成为实现绿色发展的实际行动。

节约资源、保护环境作为可持续发展的要求,是一项具有复杂性、艰巨性和紧迫性的任务,也是以生态文明建设为标准、充满公平正义的人类社会行为准则。马克思指出,"在人类历史中即在人类社会的形成过程中生成的自然界,是人的现实的自然界"[①]。正因为自然界是这样的自然界,故必须改变传统发展理念,树立健康的生态观。一是要变革生态历史观。这就是要在对传统生态历史观合理吸收的基础上,加以改造创新,充分考虑到代内、代际持续发展的需要,以引导各种生态环境问题的解决。二是要变革生态民生观。绿色发展是国家发展民生的应有之义,只有提倡绿色发展方式,才能让人民群众在享受物质发展成果的同时享受生态文明成果。与此同时,各级政府的相关职能部门要坚决落实资源节约的基本国策,加大宣传力度,使每一个公民都能自觉增强节约意识、环保意识和生

---

① 《马克思恩格斯文集》第 1 卷,人民出版社 2009 年版,第 193 页。

态意识，并使这种意识成为一种习惯和修养，进而营造绿色发展的社会风气。三是要变革生态发展观。思想是行为的先导，生态意识影响生态行为。面对生态环境保护对于经济健康发展所具有的基础性作用，要从根本上转变资源利用方式，大力发展循环经济，实现生产、流通、消费过程的绿色化。因此，要在全社会、全领域、全过程节约集约利用资源，推动资源利用根本转变，促进生产、流通、消费过程的减量化、再利用、资源化。

（三）坚持可持续发展与生态文明相统一

可持续发展是促进生态文明建设和实现绿色发展的重要策略。我国的国情要求我们必须走有中国特色的经济发展与生态文明相融合的可持续发展道路，而以生态文明为核心是经济社会与资源环境协调发展的重要举措，是最终实现绿色发展模式的关键，也是实现建设美丽中国的必由之路。

可持续发展是指既满足当代人的需求，又不会对后代人满足其需求的能力构成危害的发展，是一种着眼于人类长足发展、以生态环境保护为基础的发展模式，是人类改善当代生态环境，实现后代人绿色生活方式的重要战略。可持续发展的核心要义是经济发展与资源节约和生态环境保护相协调，旨在使子孙后代能够充分享受丰富的资源和良好的资源环境。生态文明是指人类遵循人、自然、社会和谐发展这一客观规律而取得的物质与精神成果的总和，是以尊重和维护生态环境为主旨、以可持续发展为根据、以未来人类的继续发展为着眼点的一种文明形态。生态文明要求尊重自然、敬畏自然和顺应自然，在尊重自然的同时对自然持有一颗敬畏之心，在尊重自然和敬畏自然的基础上顺应自然，正确认识自然发展的客观规律，合理利用自然环境的物质资源。

生态文明与绿色发展互为表里，相辅相成，不可分割。生态文明是绿色发展的价值归属，绿色发展是建设生态文明的必由之路。绿色发展立足于人类的长远利益，贯彻可持续发展理念，维护生态系统的和谐，从而将生态文明内化成为社会主义社会发展的有力支撑。绿色发展的经济模式要求生产发展的可持续性，其目的就是要增强可持续发展的公平性、发展性和持续性。可持续发展使人类在长期生存发展过程中保存下丰富的物质财富与精神财富，是建设生态文明不可或缺的重要组成部分。可持续发展的目标是处理好人口、资源、环境与发展的关系，以保证当代人和后代人有平等的发展机会，做到人与自然和谐相处。生态文明建设的目标是建设美丽中国，形成节约资源和保护环境的空间格局、产业结构、生产方式、生活方式，满足人民对美好生活的需求，为全球生态安全贡献中国力量。因此，实现绿色发展必须以生态文明为价值导向，坚持可持续发展与生态文明建设相统一。

习近平总书记指出："环境就是民生，青山就是美丽，蓝天也是幸福。"① 保证生态系统与经济协调发展，首先要以生态文明为基本价值取向。要保证生态系统与经济协调发展，重要的是建立健全法制。国无法不治，民无法不立。在经济与环境协调发展的立法体系下，加大对法律的实施广度和执法力度，这是可持续发展的坚强法律保障。同时，要把生态文明发展与经济发展放在同等重要的位置，促进国家、社会和人民关注、重视和参与生态文明建设。其次是要完善政府的行政管理体制。政府要以实现经济、资源、环境、人口协调发展为目标引导社会发展，建立与生态文明相适应的宏观管理体制；同时要建立健全适合经济社会发展与生态系统协调发展的政绩考核指标体系，督促政府人员朝着可持续发展方向努力。再次是要完善优化市场运行机制，建立经济与环境协调发展的新型发展模式，以及与此相适应的市场经济体制和运行机制。通过将资源、环境纳入

---

① 《习近平谈治国理政》第二卷，外文出版社 2017 年版，第 209 页。

市场体系中，建立健全自然资源的有偿使用和生态环境恢复的补偿机制，严格遵从"谁开发谁保护""谁污染谁治理"的政策，把保护环境与治理污染的责任落实到每个企业和单位，做到违法必究、严惩不贷。完善有利于生态产业的市场机制，筑牢生态系统对于整个社会发展的根基，这是环保工作的重要任务。

（四）坚持走绿色文明发展道路

绿色文明是基于对黄色文明与黑色文明的反思与探索，追求实现人与人、人与社会、人与自然和谐共生、持续发展、共同繁荣的文明发展状态。农业文明是基于对自然界尤其是黄土地的依赖所形成的原始文明形态，所以称其为"黄色文明"。随着社会生产力的稳步提高，农业文明逐渐衰落。农业文明的衰落也从一个侧面反映出自然生态系统与人类社会发展之间的矛盾。伴随生产技术的不断提高，土地被更多地开发利用，人类对自然改造的力度不断加大，向自然索取的程度越来越强，致使原有的自然平衡逐渐被打破。从历史上看，黄色文明作为一种初级阶段的农耕文明，是一种人类与土地紧密联系的最淳朴的文明。当然，从生产力角度看也是一种较为落后的文明。随着科学技术的发展和工业文明的出现，资源和环境的问题日渐显露并日趋严重，以致这种文明被学界有些学者称为"黑色文明"。黑色文明将农业文明时期人类与自然之间的矛盾开始放大，破坏了两者和谐共生的关系。工业文明给人类带来便利的同时，也带来了一系列生态环境问题，如全球气候变暖、臭氧层破坏、滥砍滥伐、山体滑坡、地震频发等。绿色文明是人类物质需求得到满足而主动追求与自然协调发展的文明形态，是摒弃传统人类中心主义的发展观念而创造的与环境协调发展、和谐共生的文明模式，是人类文明发展到一定阶段的必然产物。生态文明就是要改变传统工业文明的发展模式，毫不动摇地坚持走绿色文明发展之路，保证生态文明正常推进。

　　坚持走绿色文明发展道路，首先，要在精神层面形成全社会敬畏自然、尊重自然、保护自然的绿色文化。一方面，政府相关部门及工作人员基于对绿色文明发展理念的充分认知与理解，通过营造绿色文明发展的社会氛围，使人们增强自身对绿色发展的认同感，将绿色文明发展意识内化于心，外化于行，在个人、社会和国家的相互协调下共同实现绿色发展。另一方面，企业要创新自身的组织与管理方式，通过充分运用各种传统和新型媒介，将管理方式和宣传教育有效地结合，使绿色文明发展理念深入人心，使每个人都成为绿色发展的参与者、新时代的建设者和民族复兴的担当者。其次，要在发展层面转变原有粗放经济发展模式，坚决抵制以环境污染、资源浪费和生态破坏为代价的经济发展方式和生活方式。一方面，建立健全绿色低碳的循环经济发展体系，以绿色科学技术为支撑，加大对清洁能源产业、节能环保型产业的投入与扶持，发挥市场在资源配置中的决定性作用，创建以生态技术为核心的现代产业体系，实现绿色发展的新模式。另一方面，加快建设绿色经济体系，使公民树立理性消费、文明消费的理念，从而进一步推进绿色社区、绿色学校、绿色家庭建设，大范围开展节约资源和保护环境的宣传活动，实现能源消耗不断降低的目标，形成生产系统与生活系统循环链接，促进人类的生产生活与自然生态系统两者之间的动态平衡。最后，要在制度层面建立健全保护环境的法律法规，运用法律和社会道德手段，强化民众环保。1992年，联合国环境与发展大会通过了《21世纪议程》，中国在此基础上制定的《中国21世纪人口、环境与发展白皮书》，是中国国民经济和社会发展中长期计划的指导性文件，为协调生态系统与社会发展的矛盾出谋献策。对于生态系统与社会发展之间的矛盾，要加大依法打击破坏生态系统行为的力度，运用法律手段限制环境污染态势的蔓延。因此，要"德法共治"打击破坏生态系统行为，限制环境污染态势的蔓延，筑牢生态安全屏障，保证生态系统真正有利于经济社会可持续发展。

五、形成促进绿色发展的环境与条件

要使绿色发展理念落地生根，必须有相应的土壤、条件。从我国的现实情况来看，重要的是优化社会环境、营造文化氛围、完善体制机制。

（一）构建优质的绿色发展社会环境

1. 社会经济环境

良好的社会经济环境，是推进绿色发展的必要前提。着眼于我国目前的社会经济环境，我们要始终坚定以新的发展理念为指导，不断转变经济发展方式，保证经济的中高速增长，实现经济发展质量和发展效益的不断提高。现在，我国经济发展水平在世界主要国家中名列前茅，正大踏步进入全面建设社会主义现代化强国的新征程。正是这种充满生机与活力的发展局面为促进绿色发展创造了优越的经济社会环境，同时也为我们进行绿色发展提供了强有力的物质支撑和保证。当然，良好的社会经济环境不是一蹴而就的，而是需要不断地营造，这就需要从基础的经济发展做起、从发展绿色经济入手、从实现经济可持续发展入手。只有大力发展绿色经济才能突破资源容量和环境承载力的限制，在创新引领、绿色低碳等领域形成新动能，逐步健全开放型绿色经济新体制。

2. 社会政治环境

社会政治环境的和谐、安定，是绿色发展的重要前提。中国特色社会主义进入新时代，为我们追求绿色发展提供了一个良好和谐的社会政治环境，使人们可以在和平安定的社会政治环境里追求绿色的生活发展方式。良好的社会政治环境是绿色发展的沃土，为绿色发展的实现提供了政治保障，因此国家和公民都应为构建良好的社会政治环境尽责尽力。作为人民民主专政的社会主义国家，必须积极发展社会主义民主政治，全面推进依法治国，实现党的领导、人民当家作主、依法治国的有机统一，为绿色发展提供政策保障。作为社会成员的公民，应成为绿色发展的建设者、绿色发展成果的受益者，积极维护和建设公平、公正、和谐的社会政治环境。

3. 社会生态环境

生态环境离不开水分、土地、森林等人类赖以生存和发展的基础资源。"生态环境是人类生存和发展的根基，生态环境变化直接影响文明兴衰演替。"[①] 要实现绿色发展，必须高度重视生态环境建设，最大限度地保护好人类赖以生存的社会生态环境。良好生态环境的营造不能依靠一己之力，需要广大人民群众的共同参与、支持和行动，以明确良好的社会生态环境对推进绿色发展的重要价值。加强生态环境建设，必须加大资金和技术投入。国家、企业作为社会环境的打造者，应当为营造良好的社会生态环境提供充足的资金支持。良好生态环境的营造同时需要加强国际交流合作。生态环境建设是没有国界的，没有任何一个国家和地区能够在生态问题上独善其身。因此，要始终奉行绿色发展理念，倡导构建人类命运共同体，秉持开放和谐包容的理念，共同努力推动全球绿色发展。

（二）营造和谐的绿色发展文化氛围

文化氛围作为一种软环境，对事物的发展有极其重要的熏陶、感染作用。绿色发展的实现需要一个合适的文化氛围，这就要求从培养环保意识、发展绿色文化以及践行绿色生活等方面抓起。

1. 培养环保意识

公民的生态环保意识对促进人与自然和谐相处、推动生态文明建设

---

① 习近平：《论把握新发展阶段、贯彻新发展理念、构建新发展格局》，中央文献出版社 2021 年版，第 247 页。

发挥着重要作用。国家、社会、家庭必须肩负起各自的责任与义务，提高公民的环境保护意识，并督促其切实地参与到环保行动当中。从国家层面来说，应当建立健全相关法律法规，利用法律法规来强化人们形成绿色的生产、生活方式和生态环保意识。从社会层面来说，公民生态意识的培育需要社会各部门形成建设合力。"要倡导简约适度、绿色低碳、文明健康的生活方式，引导绿色低碳消费，鼓励绿色出行，开展绿色低碳社会行动示范创建，增强全民节约意识、生态环保意识。"[1] 从家庭层面来说，必须重视家庭环境对生态环境保护意识培育的作用。在家庭日常生活中，父母应当以身作则，树立良好的生态环境保护意识，养成并践行良好的生态文明习惯，用自己的实际行动来感染孩子。生态意识的培育不能仅仅局限于家庭内部，同时也要以家庭为单位增强家庭之间的相互影响。因此，要通过"国家、社会、家庭"三位一体来倡导绿色环保，增强环保意识。

2. 发展绿色文化

绿色文化是一种能够有效促进人与自然和谐共生的可持续发展的文化，它代表了当代人对生态文明认知的新高度，是必须大力弘扬的文化理念。要发展绿色文化，一是要弘扬绿色价值观。所谓绿色价值观，是一种人与自然和谐共生的价值观。中共中央、国务院批准的《关于加快推进生态文明建设的意见》，要求大力弘扬生态文明主流价值观，使之成为社会主义核心价值观的重要内容。对于弘扬与宣传绿色价值观，不能拘泥于传统的媒介形式，必须依靠科技——互联网、自媒体等传播媒介，使更多的人以最便捷的方式来践行绿色价值观。二是要发展绿色文化事业。绿色文化事业的发展将为社会提供诸多绿色精神文化产品，营造出优越的绿色文

---

① 习近平：《深入分析推进碳达峰碳中和工作面临的形势任务　扎扎实实把党中央决策部署落到实处》，《人民日报》2022 年 1 月 26 日。

化氛围，进而形成一个有利于绿色文化发展的良性循环系统。国家、社会要注重建设和完善绿色生态馆、低碳科技馆、绿色博物馆等公共文化服务基础设施，为公众创造一个接近和了解绿色文化的机会和渠道，以此加大绿色发展理念、绿色发展事业的传播力度，进而激发公众发展绿色文化的激情和信心。三是要发展绿色文化产业。发展绿色文化产业要求推动绿色文化创意发展，充分认识到地球资源、环境的有限性，在考量绿色生态的基础上发展文化创意产业，创造更多优秀的绿色文化产品，更好地满足人们绿色文化的生活需要和发展需要。因此，我们要展现绿色文化的时代特色并汲取传统文化绿色精华，推动绿色文化的创造性发展。

3. 践行绿色生活

促进绿色发展，必须践行绿色生活，实现生活方式的绿色化。绿色生活方式的实现需要多方面的共同努力。在思想上，要认同绿色发展理念并用理念引领行动。当自然、环保、绿色、健康的生活方式和消费理念被每个人所认同和接纳时，就会内化为个人的道德素养、外化成自然而然的实际行动。在政策措施上，要通过政策制定、完善保障措施、强化监督惩戒等多个方面来协调推进，将生活方式绿色化、消费理念绿色化，以法律的形式作出明确的规范。在行动上，要使全民参与践行，通过主动参与和践行，使全社会形成崇尚和践行绿色的生活方式，从而真正体现生态文明。绿色生活作为一种新的文明生活方式，折射出现代人的一种文明素质。开展全民绿色行动，倡导简约适度、绿色低碳的生活方式，才能倒逼生产方式绿色转型，把建设美丽中国转化为全体人民的自觉行动。

（三）建立健全绿色发展的体制机制

绿色发展是一项长期的、复杂的系统性工程，涉及经济社会、产业发展和科技进步等多个方面，需要付出长期坚持不懈的努力，但形成一个有效且适合绿色发展的体制机制是实现绿色发展的至关重要的因素。

1. 建立健全法律制度和政策导向

习近平总书记强调："保护生态环境必须依靠制度、依靠法治。"[①]建立健全绿色发展的体制机制，主要从健全法律法规体系和始终坚持正确的政策导向两个方面入手。在健全法律法规体系方面，必须坚持依法治理。第一，要打破地方保护，统一执法标准，对破坏绿色发展的行为予以严厉打击，确保已有法律法规能够保证其有效实施。第二，要不断完善法律法规体系。立法机构应增强法律的可操作性，加大违法的处罚力度，同时相关部门根据绿色发展需要修订和补充相关法律法规。第三，要坚持谁污染谁担责、谁受益谁补偿、谁环保谁获益的原则，完善环境保护权责机制，明确责任主体及其权利关系。建立奖惩分明的体制机制，严惩生态环境破坏者、奖励生态环境保护者。在政策导向方面，必须毫不动摇地坚持节约资源和保护环境的基本国策，坚持节约优先、保护优先、自然恢复为主的方针，在国家方针政策的指引下践行推进绿色发展的生产、生活方式。总之，社会主义生态文明立法建设是中国特色社会主义生态文明建设的重要保证。着眼于落实生态文明制度体系，构建具体实施体制、机制和政策，目的是把我国生态文明建设的制度优势、国家治理现代化优势，转化为生态资本优势、生态资源优势，由此不断推进生态文明建设。

2. 构建绿色技术创新体系

科技创新是引领绿色发展的第一动力，是推进生态文明建设的重要着力点。习近平总书记指出："绿色发展是生态文明建设的必然要求，代表了当今科技和产业变革方向，是最有前途的发展领域。"[②]促进绿色发展，要构建市场导向的绿色技术创新体系，为绿色发展创造有利条件。这就要求重视企业作为连接绿色科技创新与绿色发展的中坚力量，通过市场手段

---

① 《习近平谈治国理政》第三卷，外文出版社 2020 年版，第 363 页。
② 《十八大以来重要文献选编》（下），中央文献出版社 2018 年版，第 335 页。

引导开发低碳技术和绿色创新技术，为传统产业的优化升级提供绿色技术支持；重视国家在构建绿色技术创新体系中的重要作用，通过在生产技术、循环再利用技术、新能源开发、科技人才培养等领域加大投入力度，建立以企业为主体、市场为导向、产学研深度融合的技术创新体系；重视加大自身的原始创新、集成创新，加强国际领域绿色技术的交流与合作，形成自身长期发展所需的绿色核心技术。总之，绿色科技是绿色发展的技术支撑，经济与资源环境相协调的高质量发展离不开绿色科技。要加大能源革命和新型能源产业发展，创新和研发分布式低碳能源网、储能技术和CCUS（碳捕集、利用与封存）以及各类循环低碳先进技术，积极探索废弃物的减量化和资源化利用技术，推进传统制造业绿色改造，引导并鼓励企业工艺技术提挡升级，不断提高经济社会发展的绿色化水平。

3. 建立严格监管与有效激励相结合的长效机制

绿色发展的实现需要处理好政府与市场的关系，建立严格监管与有效激励相结合的长效机制。用好绿色发展指挥棒，让"信号灯"亮起来，对不适应、不适合甚至违背新发展理念的认识要立即纠正、行为要坚决制止、做法要彻底摒弃；让"新标尺"严起来，把资源消耗、环境保护、生态效益等纳入综合评价体系，对干部行为形成有效的正向激励，使绿色成为检验干部政绩的主色调；让"威慑力"强起来，对各类破坏生态环境的行为"零容忍"，以生态红线管控为基线，建立严格的惩戒机制和追责制度，从而倒逼经济发展方式转变，提高经济发展的绿色水平。政府层面，要努力将自身打造成为绿色政府，在各项政府职能的行使过程中彰显绿色。政府是绿色发展的战略引导者，要通过制定相关战略规划，为促进绿色发展提供战略指引，从而推动绿色发展；政府是绿色发展的监督者，要通过建立健全生态环境保护制度，完善环境监管体系，强化环保部门对环境污染的监督管理；政府是绿色发展的政策、标准的制定者，要完善环境立法，在立法过程中强化立法原则，加强环境立法相关条例的协调性，提高环境立法的可操作性。市场层面，要促进绿色发展，必须充分发挥市场机制的作用，调动企业推进绿色发展的积极性。企业作为产品或服务的供给方，其生产经营要满足广大消费者日益增长的美好生活需要，加快促进企业生产经营方式的转型与升级，实现绿色发展；企业进行绿色发展，必须将企业的环境污染成本内部化，让企业承担生态环境破坏的后果和代价；企业要建立和完善绿色发展的市场驱动机制，吸引各类资本参与绿色发展相关的投资、建设和运营。总之，健全推进绿色发展重在用好政府和市场"两只手"，推进政府部门之间、政府与社会组织之间的统筹协调。

4.建立和完善公众参与机制

生态文明建设离不开公众参与，推进绿色发展需要公众的努力。生态文明建设关系到全社会各个群体，把对美好生态环境的向往转化为行动自觉是每一个公民义不容辞的责任与义务。为此，要充分调动公众参与环境监管的积极性，积极拓宽公众参与渠道，听取社会各界的建议，同时相关部门必须加强对公众的保护，避免因对环境违法行为举报招致不法分子蓄意报复的可能性。要依法保障公众参与环境监管。在实际发展过程中，建立健全推进绿色发展的公众参与机制，需要从树立和普及社会公众的绿色观念和生态意识入手，通过谋求各项工作的有效推进和生活方式的有序展开，广泛利用各种新型和传统媒介，加强教育与引导，营造人人参加和全员参与的经济社会发展绿色化氛围，全面提高社会公众对绿色发展的认同感，同时充分发挥群众管理社会的主体作用，与时俱进地更新和完善公众环境监督机制。

总的说来，绿色发展理念作为习近平生态文明思想的核心要义，充分肯定了绿色发展对于经济社会发展的极端重要性。保护生态环境就是保护生产力、改善生态环境就是发展生产力。建设生态文明、实现绿色发展，这是全国人民的共同期盼和社会主义现代化建设的本质要求，也是实现中华民族永续发展的前提和保障。绿色发展创造性地解决了经济发展与生态保护的关系。绿色即发展，坚持绿色发展就是要采取低碳发展、循环发展的方式，这无疑会使生态优势转变为经济优势。发展即绿色，坚持绿色发展就是使人与自然的物质变换过程既符合自然生态的内在规律，也符合人类生存发展的真实需求，其实施的结果，无疑会更好地适应人的正常生存和发展，更好地满足人民群众对美好生活的需要。绿色发展理念充分诠释了经济发展与生态保护之间的内在一致性。习近平总书记反复强调，经济发展既不能对资源环境竭泽而渔，生态保护也不应舍弃经济发展而缘木求鱼。坚持绿色发展必须让优美生态环境成为人民生活的生长点、成为经济社会持续健康发展的支柱点、成为展现我国良好形象的助推点。这就是绿色发展的指导思想和根本遵循。

第八章　生态意识的当代建构

生态文明建设是一个系统的庞大的工程，既有理论方面的创新和发展，同时也有实践方面的稳步推进和重要成果。生态文明建设需要党的全面领导，同样也需要广大人民群众的积极参与。人民群众能够形成自觉的生态意识对于生态文明建设具有决定性的意义，自愿自觉的生态意识无疑会从根本上改变生态文明建设的面貌。培育全社会的共同生态意识，有助于提升人民群众自觉参与生态文明建设的质量和水平。增强全社会的生态意识，是一项持续的、系统的、艰巨的任务，需要国家、社会和个人等方面的共同努力。要完成这样的任务，首要的一点，就是要明确生态意识的基本内容和范围。只有明确其内容和范围，才能有针对性地开展生态意识的教育和相应的工作，从而使生态意识的建构落到实处，取得明显的成效。因此，研究生态意识的培育，必须明确生态意识的基本构成以及相应的培育任务。此外，在明确生态意识内容和任务基础上，还要明确生态意识建构和培育的有效途径，通过科学的途径促进生态意识的形成，并发挥积极作用。

一、生态意识的构成与层次划分

任何形态的文明，一般都是由观念（意识）与行为构成的，一个文明形态发展得越高级越完善，与之对应的意识体系就越高级越完善，其产生的影响和作用也就越显著越深刻。生态文明也是如此，要求与之对应的生态意识的发展和完善。习近平指出，"全社会都要按照党的十八大提出的建设美丽中国的要求，切实增强生态意识，切实加强生态环境保护，把我国建设成为生态环境良好的国家。"[①]建设生态文明，必须在全社会范围内形成积极的正面的意识体系，这就是生态意识。生态意识要对生态文明建设产生积极的推动作用。

（一）生态意识概念的形成与发展

研究生态意识需要从生态意识的概念入手，进而对生态意识进行全局的把握。所谓生态意识，就是在对生态问题的科学把握基础上，形成的对生态问题的总的一般性的认知体系，通过对生态问题的理性自觉，达到对生态与人类发展关系的定位准确领悟与把握，并由此形成人们对待生态的普遍观念与基本理念，是指导和影响人们对待生态的态度和行为的意识范畴。只有对生态问题有明确的、合理的意识，才能在处理生态问题上有合理的行为，才会产生合乎要求的理想效果；只有对生态问题的意识与观念的把握更加准确科学，才有可能促进整个生态文明建设不断地发展进步。因此，提高生态自觉，增强生态意识，在全社会形成积极健康科学的生态意识，对于生态文明建设会产生非常重要的积极影响和作用。

从当今世界的生态意识培育的理论和实践来看，生态意识并不是一个专有名词，作为一个宽泛的词汇，其出现和提出，并非始于今日，它是当人类意识到生态问题时就同时产生的一个概念。但是，在当前新时代中国特色社会主义建设时期，党和国家所倡导的"生态意识"并不是就其一般

---

① 《习近平谈治国理政》，外文出版社 2014 年版，第 207 页。

意义而言的，而是有其独特的含义，它是为了更好地解决和促进我国生态文明建设面临的问题，专门针对我国社会发展所出现的生态问题而提出的，是与生态文明建设对应提出的一个专门话语词。生态意识的产生与形成是与生态文明发展的进程保持一致的，人与生态关系的发展决定着生态意识的发展。人对生态认识的程度决定了生态意识的发展程度，人类最初的生态意识是模糊的、比较初级的，甚至还出现过错误的生态意识。错误的生态意识带有盲目性和功利性，在对待生态问题上，只是单纯从人类自身的一部分人的利益出发，实质是不考虑甚至是牺牲其他人的生态利益。表面看，损害的是生态利益，实际上是一部分人损害另外大多数人的利益，而且这个利益还带有全局性。与之相反，科学正确的生态意识，在对待生态问题上，则是强调保护和恢复生态，同时兼顾他人的利益，尤其是后代人的利益。

对于生态或自然的意识，人类曾经经历了一个漫长的演变过程。人类的历史严格意义上说，就是一部不断与自然产生各种关系的历史，人类在改造自然过程中不断发展进步，自然在人类的改造过程中不断发生变迁。在人类与自然不断产生各种关系的过程中，人类对于自然的态度，就是最初的生态意识。在古代社会，由于生产力水平低下，因而人们基本上是在自然盲目力量的控制与摆布之下，相应地，也就形成了对自然的一种敬畏心理，并由此形成了种种自然崇拜，图腾意识由此兴起。可以说，生态意识最初的形态更多地表现为由自然崇拜产生的图腾意识。在与自然关系方面，真正使人的地位和作用加以凸显是从近代开始的。近代以来，特别是近半个多世纪以来，科学技术日新月异的进步和生产力的巨大发展，极大地释放了人类的能量，明显提高了人类改造自然的能力，人与自然的关系也发生了重大变化：往日敬畏的对象现在成了主宰的对象，人的"主体性"得到了高扬。与此同时，主体意识也得到明显增强。但是，现实是无情的，就在人们陶醉于自己胜利的同时，自然界也给予人类以无情的报复：生态环境日益恶化，严重威胁到人的生存发展，以致给人类发展敲响了警钟。也正是在这种警示作用下，人们不得不回眸自然，重新审视自己的行为，这个时候，人类的生态意识逐渐清晰，由人与自然关系的定位逐渐强调人在保护生态和促进生态文明进步中应该扮演什么角色、发挥什么作用，由此生态意识开始发生重大转变，与生态文明相匹配的生态意识开始形成。可以说，今天讲生态意识，正是生态危机引发的结果，同时是应对生态危机的产物，是在生态危机中人与自然正确认识的觉醒。

（二）生态意识的层次

基于人与自然关系而形成的"人与自然和谐共生"的价值理念，是生态意识的核心范畴，是从人与自然全局要义上提出的总要求，统领和决定生态意识建构的各个方面。从生态意识层面出发，人与自然关系是否和谐，直接关乎人类存在和发展的质量和水平，也关乎自然界发展的趋势和走向，更是关乎生态意识的内涵和特征。从生态意识角度出发，"人与自然和谐共生"反映了对人与自然关系价值定位的科学认知，这种认知是人与自然关系历史发展的观念缩影，这种观念一方面形成一种科学正确的认识，另一方面要不断摒弃自身非科学的甚至错误的生态意识，体现了人与自然的辩证统一关系，将生态文明认知提到了一个新的高度。现在，我国进入到全面建设社会主义现代化国家新的发展阶段和新的历史时期，人与自然的关系能否保持和谐，事关事业发展和民族命运。在以中国式现代化推进中华民族伟大复兴的进程中，彻底贯彻"人与自然和谐共生"的生态文明理念，推动建设人与自然和谐共生的现代化，坚持走经济发展与生态保护相统一的道路，实现绿色生产方式、生活方式，有其十分重大的意义。基于"人与自然和谐共生"这样的核心范畴，生态意识可以扩展到生态理念、生态价值、目标追求、评价标准、发展方式等各方面，完整的生态意识就是由这些要素构成的。生态意识作为关于生态文明问题思想观点和价值观念的一般性认识，是一个系统的全面的观念体系，是多层次多领域多角度的范畴。生态意识尤其是在操作层面的生态意识，指明了生态文明建设的最新趋势和发展方向，将生态文明建设提升到了一个全新的高度，代表了生态文明发展的最新动向。从学理角度出发，深入剖析生态意识的构成，系统全面地对生态意识进行逻辑建构，有助于在理论上形成正确认识，在实践上坚持正确方向。

生态意识作为一种观念性的存在，涉及生态问题的方方面面，但从总体来看，可以划分为宏观与微观两大层次，即宏观层次的生态意识与微观层次的生态意识。这里所讲的宏观层次的生态意识，主要是就国家与社会的层面而言的，实质就是国家与社会层面的生态文明理念的观念形态，往往与党的指导思想和国家的大政方针结合在一起；微观层次的生态意识，主要是就社会成员个体层面而言的，就是每一个社会成员秉承的生态意识。关于宏观与微观两大层次生态意识的划分与界说实际上是相对的，很难做截然的区分。在实际的生态文明建设理论和实践中，生态意识的微观层面和宏观层面往往都是交织在一起的，不能截然分开。所以，将生态意识分成微观和宏观的层次，更多是一种理论的划分，而在实践层面往往都是同时进行的。从这个意义上说，无论是对作为宏观的国家与社会，还是对作为微观的社会成员来说，一些基本的生态意识要求是共同的，一些基本的价值准则也是需要共同遵守的。实际上，主体的存在除了宏观与微观的划分之外，同时是多层次、多样性的，因而所要求树立的生态意识也各有侧重，但不管如何特殊，一些基本的生态意识和生态规范还是需要普遍树立和遵守的。生态意识的普遍增强，必然会形成全社会的生态文明建设氛围，从而极大促进生态文明建设的发展。

二、宏观层次生态意识的建构

生态意识作为以生态为核心的观念系统，从宏观层面而言，既是国家的一种意识形态主张，同时也是关于生态文明建设要求的观念形态的体现。培育生态意识是国家的重要任务，同时也是社会倡导的主流意识。关于生态意识的建构和培育，就宏观层次来看，目前重点是要增强这样几种意识：

（一）和谐的意识

人与自然的关系到底是什么样子的，这是生态文明核心关注的问题。生态意识核心关注的问题也同样体现在人与自然的关系范畴，中国特色社会主义主张生态意识首先是人与自然和谐的意识。良性生态的构建，其要义是使人与自然和谐共生，在观念形态上，就是要让人们在头脑中形成实现人与自然的和谐意识，就是要在观念上追求生产发展、生活富裕、生态良好，要在头脑中自觉寻求实现这一理想和谐状态的最佳途径，要达到实现这种和谐状态的观念自觉。这对我们这样一个人均资源占有量较少和生态环境比较脆弱的国家来说尤为重要。建立人与自然之间新型的和谐观，关键是要明确生产与生态这几种关系的认识：

首先是社会生产力与自然生产力关系的和谐。生产力包含自然生产力和社会生产力，二者是辩证统一的关系，社会生产力的发展就是建立在自然生产力发展基础之上的。这是唯物史观的基本观点。推进生态文明建设，人们必须要在观念上准确定位社会生产力和自然生产力的关系。加快社会发展，必须大力发展社会生产力，但发展社会生产力不能无视自然生产力。假如自然生产力（如水力、风力、自然资源的再生能力）受到破坏，社会生产力也最终得不到保证和发展。马克思在谈到农业的发展时曾指出：

"在农业中（采矿业中也一样），问题不只是劳动的社会生产率，而且还有由劳动的自然条件决定的劳动的自然生产率。可能有这种情况：在农业中，社会生产的增长仅仅补偿或甚至还补偿不了自然力的减少……"① 从这里的"补偿"中可以看到马克思已经明确意识到了社会生产力和自然生产力的关系并不和谐，自然生产力对社会生产力的制约作用。在马克思看来，损害了自然生产力，社会生产力必然是得不偿失，这种不和谐的关系制约了社会生产力的发展。生态环境本身就是自然生产力的主要载体，是潜在的生产力发展优势的集中体现。塞罕坝从"一片残败的风沙漫天"到"绿色的海洋"，成为推进和发展自然生产力的生动范例，通过发展以林业为基础的生态旅游业来推动了地区的绿色经济发展，以实际行动诠释了自然资源就是生产力的生态文明理念。在推进社会生产力和自然生产力和谐共生的过程中，基于此而形成的生态意识也必然要求社会生产力和自然生产力的和谐。从这个意义上说，党和国家在推进生产力发展过程中，强调生态意识本身就是追求一种和谐，即通过生态意识的构建形成一种生产力发展同时保护生态的自觉。

其次是经济再生产与自然再生产关系的和谐。自然再生产是指自然界按照其自身运动的规律，根据自然气候条件的变化缓慢地、有序地进行的生产和再生产过程。自然再生产是一个客观的过程，由于有了人类生产的参与，这个过程被干扰和破坏，马克思很早就意识到了经济再生产与自然再生产存在不可分割的关系。马克思认为，"经济的再生产过程，不管它的特殊的社会性质如何，在这个部门（农业）内，总是同一个自然的再生产过程交织在一起。"② 马克思首先肯定了自然再生产对经济再生产的制约关系，认为自然再生产直接影响经济再生产。事实上，不只是农业部门，

---

① 《马克思恩格斯全集》第 25 卷，人民出版社 1974 年版，第 864 页。
② 《马克思恩格斯全集》第 24 卷，人民出版社 1972 年版，第 398—399 页。

就是其他部门也程度不同地受自然再生产过程的制约。在现代生产中，虽然自然的再生产已经渗透着人的因素，但其本性依然是属于自然的。如果只注意经济再生产的增长而不注意自然再生产的补偿和顺利进行，那就必然使自然再生产的能力即自然资源的再生能力受到破坏，最后严重抑制经济再生产的正常进行。无论是经济再生产还是自然再生产，作为一种生产形式都必然和自然生态产生密切的关系。这种与自然生态产生的关系必然会投射到人的意识当中，这就是生态意识。由于社会再生产和自然再生产属于宏观的生产活动，因此，基于此而产生的生态意识属于国家和社会层面的宏观范畴。而宏观层面的生态意识，往往都会在党的指导思想以及国家的大政方针上有所体现。这种自然再生产和经济再生产的和谐关系，实际上构成了人类社会存在的发展的基础关系，在人们的观念体系中，生态意识必须要形成自然再生产与经济再生产和谐共生的理念，在行动上自觉维护国家关于生态文明建设的重大战略举措。

再次是经济系统与生态系统关系的和谐。经济系统和生态系统的关系是生态关系中比较普遍存在的一种关系，二者是否和谐会对生态意识的形成和走向产生直接的影响。当前，我国经济社会发展进入到一个关键期，踏上了实现第二个百年奋斗目标的新征程。在我国坚持以经济建设为中心的大规模社会主义现代化建设的同时，必然会与自然生态发生各种各样的交互关系，也必然会在人们的头脑中产生经济建设与生态环境关系的认识。在这样的大背景下，形成科学正确的生态意识直接关乎经济系统和生态系统能否和谐。生态意识的培育和构建，必须建立在正确的生态理念基础上。"绿水青山就是金山银山"，是对人与自然和谐共生理念的具体化和形象化，从生态文明的高度论证了经济发展与生态保护的关系，是生态意识的重要内容，也是习近平生态文明思想的一大特色。生态意识必须把经济规律与生态规律结合起来加以综合考虑，强调经济系统与生态系统的叠加效益和综合效益，注重二者的互动作用。这样的意识取向实际上反映了生态与经济发展相互关系的客观现实。经济系统受生态系统制约的程度在各种生态危机和经济危机的爆发中得到充分体现，各种生态危机的出现一再表明，生态危机也有可能导致经济危机。完全离开经济效益来寻求所谓的生态效益固然不可能也不现实，但一味地追求经济效益而无视生态效益绝非明智之举。在经济效益与生态效益关系上，应当相互兼顾，力求使两者达到一种相对的均衡与和谐。这种经济和生态和谐的追求不仅关乎生态意识的形成，也关乎经济社会发展的水平和质量，关乎人类社会发展的未来和命运。生态意识就是要在观念上让人们充分认识经济系统和生态系统的和谐共生决定着生态文明建设的质量和水平。

最后是人化自然和未人化自然关系的和谐。人与自然的关系还有一种特殊的表现形式，即人化自然和未人化自然的关系。虽然从表面看是不同形式自然之间的关系，但是实质上仍然还是人与自然的关系。这种特殊的人与自然的关系也会在人们的头脑中形成一种特殊的生态意识。从这个意义上说，在人与自然的和谐生态意识上，除了上述生产领域的和谐外，必须注意这样一个问题，即人化自然与未人化自然的和谐。人化自然就是被人改造过的自然，它是人的实践活动的产物。可以说，人类几千年的文明史，就是人化自然的历史。没有人化自然，就没有社会发展和社会进步。但是，我们也不能因此而把人化自然的作用无限夸大，以为人化的程度越高越好，因为人化也有个限度问题。在一定时期、一定历史条件下，由于受生产力水平、技术条件和自然发展规律的制约，对于自然的人化应当是有限度的，超过一定限度，就会造成对自然的伤害。而这种伤害又通过它的扩散效应，传播和蔓延到周围的自然，使未人化的自然受到严重影响，以致引起整个生态系统发生危机。就以森林来说，森林是地球上所有生态系统中拥有最大生物量的地方，它可以转换太阳能、吸收二氧化碳、制氧、蓄水、持土、吸尘、减少噪音，同时又是一个巨大的基因库，能够养育和庇护数量繁多的兽类、鸟类以及各种各样的植物，以致森林被认为是生态平衡的"核心"。如果森林持续遭到破坏，那么在它周围的气候圈、土壤圈等均会遭到破坏。这种破坏一经发生，短期内根本不可能恢复过来。习近平指出，"人因自然而生，人与自然是一种共生关系，对自然的伤害最终会伤及人类自身。"[①] 因此，在人化自然问题上，在生态意识培育过程中，一定要考虑到人化自然与未人化自然的协调、和谐。对于人化自然而言，要树立科学的生态文明建设意识，在建设中保护，在保护中建设。对于未人化自然以保护为主，并在建设中恢复发展未人化自然。对于人化自然和未人化自然而言，生态意识的意义就在于，人们充分认识到实现二者和谐的重要性，并在实际行动中，贯彻落实和谐的生态意识。

（二）文明的意识

文明是人类进步的集中体现，将文明引入生态发展，或将生态发展上升到文明的高度来看待，这是对生态问题的重大觉醒和认识上的重大升华，是生态意识真正意义上觉醒和形成的显著体现。生态文明通常有狭义和广义两种理解。狭义的生态文明主要是指处理人与自然关系时所达到的文明程度，它是相对于物质文明、精神文明和政治文明而言的；广义的生态文明则是指人类文明发展的一个新阶段，即继原始文明、农业文明、工业文明之后的人类文明形态。不管是何种意义的生态文明，实际上都不仅仅指涉的是生态本身，而主要指涉的是人的观念、行为，反映的是人在对待生态问题上秉持的基本立场和态度，是对人与生态关系正向和积极意义上的反思和肯定。因为生态本来是自然界各种事物、现象之间的构成样式或图景，它是完全按照自然法则来发生和发展的，根本不涉及文明与否的问题；只要进入"文明"的视界，生态问题就不简单是自然界本身的问题

---

① 《习近平谈治国理政》第二卷，外文出版社 2017 年版，第 394 页。

了，而主要是人与自然的关系问题以及人与人的关系问题了。① 为什么生态文明现在引起全世界的普遍关注？为什么生态文明成为文明研究新的重大课题？原因就在于人与自然关系的恶化造成了严重的生态危机，以致威胁到人的生存和发展。正是在生态、环境、资源的巨大压力下，生态文明才引起人们的高度警觉与重视。因此，生态文明的提出并不是纯粹的自然关系引发的，而是由人的行为造成的，并且是由人的生存发展状况凸显出来的。既然生态文明是由人的问题引起的，并且最终指向的是人的正常生存和发展，那么，要建设生态文明，就必须对人自身的观念、行为作出深刻的审查，这种反思和自我审视也必然会反映在生态意识，促进科学正确的生态意识的形成。由于在历史上文明的产生和发展主要缘起于人类对自然的改造及其所取得的各种有益成果，因而这种引以自豪的文明使得人们过分自我崇拜，过分相信自我"主体性"的发挥。这种由盲目的自然崇拜到过分的自我"主体"崇拜的极端转变，在观念上产生的直接后果就是人类对自然不再敬畏，而是进行无止境的征服和开发，这是从意识上导致生态危机的开端。正是以这样的文化观念为基础，人们在追求自己的利益和满足自己的需要时，往往忘记了各种理性的、伦理的准则，采取了种种不文明的行为。因此，我们今天所面对的危机，实际上是以生态的不平衡反映了人类自我内在的不平衡（非理性的膨胀）。而要恢复这种平衡，就要使"自我"实现一场"革命"，真正使自己的观念、行为"文明"起来。对于这种自我革命，罗马俱乐部创始人奥锐里欧·贝恰等称之为"人的革命"。尽管"人的革命"可以有不同的理解和称谓，但其基本的意思是明确的，这就是要使人的观念、行为进行深刻的、彻底的变革。只有这样的变革，才能称得上"革命"。要实现这样的"革命"，关键是要使人的素质有一场革命，即实现人的理性、精神上的革

---

① 丰子义：《生态文明的人学思考》，《山东社会科学》2010 年第 7 期。

命。贝恰就是从这一意义上来理解的，他把"人的精神的复兴称为'人的革命'"。① 实际上，人类困境的出路就在于"人的革命"，生态问题必须通过人的革命来解决。习近平指出，"推动形成绿色发展方式和绿色生活方式，是发展观的一场深刻革命。这就要坚持和贯彻新发展理念，正确处理经济发展和生态环境保护的关系"②。在习近平看来，倡导生态意识必须坚持绿色发展观，这本身就是一场深刻的革命，而且是内化在意识层面的观念革命。在整个社会都在深化改革的大背景下，生态文明建设领域的深化改革就是一场革命。从生态意识层面推进生态文明的深刻革命，这是习近平生态文明思想的一个鲜明特色，也是我国一直倡导的先进文明理念。

（三）可持续发展的意识

在传统发展观背景下，伴随科学技术的进步和人类改造自然能力的增强，人们在使经济加速增长的同时，对生态环境的破坏也呈加速的趋势。生态困境的出现，向人们提出了这样尖锐的问题：如果按照传统的老路走下去，经济的发展还能否持续？进而言之，生态的发展还能否持续？这不是危言耸听，而是活生生的现实。正是面对这样的挑战，"持续"的呼声逐渐兴起并日益高涨。"可持续发展"的基本要义是：在经济发展的同时，注意保护资源、改善环境、控制人口合理增长，实现经济与社会的协调发展；发展不仅要满足当代人的需要，而且要考虑后代人的需要，今天的人类发展不能以牺牲后代人的幸福为代价。③ 正是代内、代际持续发展的需要，才迫切要求我们在生态问题上树立持续的意识。习近平指出，"建

---

① ［日］池田大作、［意］贝恰：《二十一世纪的警钟》，卞立强译，中国国际广播出版社1988年版，第159页。

② 《习近平谈治国理政》第二卷，外文出版社2017年版，第395页。

③ 丰子义：《生态文明的人学思考》，《山东社会科学》2010年第7期。

立市场化、多元化生态补偿机制。"① 习近平明确提出了生态补偿机制的理念，实质就是要实现代际可持续发展，通过人类的主动干预，以一定的形式对生态进行补偿，从而维持生态的可持续发展。因此，生态意识应该也必须包含可持续的意识，重要的是明确两个关系问题：首先是生存与发展的关系。人类首先要生存，而后才能谈及发展。生存是发展的前提和基础。假如生存出了问题，发展不过是一句空话。值得注意的是，随着现代化进程的快速推进，经济发展与资源、环境的矛盾日益突出，生态环境问题已经成为制约经济发展的重要因素。如果这些问题不解决，不要说经济发展难以持续，就是人类生存也难以为继。因此，现实的状况迫切要求我们把经济发展同环境、资源协调起来，促进生态良性循环。只有这样，才能切实解决生存与发展的关系问题，也才能使生态真正走上可持续发展的道路。其次是眼前利益与长远利益的关系。发展总是为了满足一定的利益。但是，完全听任经济利益的左右和支配，忽视生态的要求，其结果必然是生态发展的失衡，假如为了一时的眼前利益而竭泽而渔，必然会严重损害生态环境、破坏自然资源，进而严重危害生产力的持续发展和人民群众的长远利益。一时的表面繁荣过后，留下的将是严重的发展残局，最后损害的是长远利益的实现。因此，正确对待眼前利益与长远利益的关系，这是经济与社会真正能够持续发展的必要前提。再次是生态发展与人的发展的关系。生态意识作为生态文明建设的一般认识，需要回答生态发展和人的发展之间的关系，对这种关系如何定位、矛盾如何解决。人的发展是一个大范畴，是各种发展的最终价值所在。生态意识归根结底就是在意识层面肯定生态对于人的发展的价值。从生态意识角度出发，符合生态要求的高质量发展既是生态文明建设的目的，同时也是生态意识形成的动力。生态意识的意义在于，生态发展与人的发展不是矛盾的，而是内在统

---

① 《习近平谈治国理政》第三卷，外文出版社 2020 年版，第 41 页。

一的，就是要通过高质量的发展，不断提升和改善人的发展质量。生态文明建设从本质上说属于人类的一种生产方式，这种生产方式从自然发展层面上，更加强调生态自身的发展，更加注重保护自然和改善自然面貌；从人的发展层面上，强调的是人的需求和人的发展同步相向进行，强调的是人的发展目标和生态文明建设目标同步实现。生态意识的培育就必须要使国家和社会形成一种正确的理念，生态的发展与人的发展从来都不是矛盾的，必须要在统一中实现双方的同时发展。

三、微观层次生态意识的建构

生态意识的形成是一个自然的过程，随着人与生态关系的发展而逐渐形成，同时，生态意识的形成也是一个主观建构的过程，按照一定的要素和组合方式对生态意识进行整合和完善。从生态层面而言，没有任何一个人可以规避，必然在意识层面产生相应的生态意识。就微观层次来看，即在社会成员这一层面来看，应当在这样一些认识上实现新的转换，建构微观意义上的生态意识，形成个人参与生态文明建设的自觉意识。

（一）消费意识

消费对于生态的影响是具有普遍意义的人类行为，消费行为对生态会产生最为直接的影响甚至是破坏的影响。一般说来，人类对自然的破坏就是从消费开始的。人类为了自身的生存和发展，必然要从自然中获取必要的生活生产资料，而这一过程如果不加控制和制约的话，必然会严重损耗自然资源，对生态产生不同程度的破坏。人类在历史不同时期，不同程度地意识到了自身发展对自然生态的破坏性影响，随着人类的消费方式对自然的破坏逐渐加深，这种意识不断强化。正是从实践的深刻教训中，人类开始反思自己的消费行为，逐渐形成了明确的生态意识。从微观意义而言，生态意识首先表现为消费意识。经济发展依赖于生产和消费的有力推动。保持生产与消费的良性互动，是经济发展的必要条件。一般说来，生产决定消费，无论是消费的对象、方式，还是消费的质量、水平，都是受生产制约的。但是，消费又不仅是生产的简单"附庸"，它对生产的发展起着非常重要的作用。消费是生产的目的，消费是生产的动力；消费促进生产的调整与变革。消费对生产的作用无疑是重大的，但并不是任何形式、任何性质的消费都有利于生产和经济的发展。由于消费直接涉及自然资源、自然环境，因而消费往往会通过对生态环境的影响而对生产和经济产生重大影响。目前发展的状况是，过度消费日益突出，超前消费、奢侈消费、炫耀性消费以及野蛮消费等成为其主要表现。这样消费的结果，便是生态问题的加剧，并形成严重的生态危机，而生态危机又往往引发生产危机以致整个经济发展的危机。因此，要树立正确的生态意识，必须在消费观上实现一场变革。这就是要求人们不能把生态环境仅仅看作是"消费对象"，而是要首先作为"人类家园"。这种观念上的转变，相应地要求人们的消费应当确立明确的节约意识、保护意识、危机意识，树立理性消费、文明消费的理念。只有这样的意识和理念，才会有合理的消费行为和消费方式。传统消费模式的基本特征是掠夺性的，而新的消费模式即"生态消费模式"的基本特征则是生态性的，"生态化"成为消费行为的基本准则。按照这种准则，要求消费品的来源是生态性的，消费过程是生态性的，消费结果也是生态性的，一句话，全部消费行为、要素都是生态性的。这样的消费模式一旦确立，生态意识无疑会得到有效的构建，生态文明建设也会得到有效的推动。

（二）价值意识

人的行为总是带有特定的目的，而特定的目的又体现着一定的价值追求。市场经济的发展，使不少人追求的目标不再仅仅是自然需要的满足，而是更大的利润。正是受这种价值追求的驱动，一些人无止境地对自然进行索取，以满足市场利润的需求，以致使生态严重失衡，生态遭到破坏，出现严重的生态危机。现在经过生态危机的惩罚之后，人们才开始明白什么叫"生态伦理"。"生态伦理"基于的道理其实很简单：你如何对待生态，生态也会以同样的"态度"对待你，关系是相互的。因此，在人与自然的关系上，人们必须调整自己的价值观，以和善友好的态度来对待自然。需要指出的是，价值意识起源于人对自我生存意义的体认和领悟。这就涉及如何看待生存意义即生命意义的问题。人作为一个生命体，既是一个自然存在物，又是一个超自然存在物。作为自然存在物，他必须维持肉体生命的生存，进行功利追求；作为超自然存在物，他不能把功利追求作为自己生命的全部，又有自己的精神追求。所以，健全的生态价值观不是单纯的功利观，不是纯粹的欲望满足，而是在尊重自然基础上的人的存在。唯有纠正对待自然错误的价值取向，才有可能遏制生态掠夺行为的蔓延，从而从意识层面促进人们形成科学正确的社会生态意识。

生态意识作为一种价值认识，从本质层面上来看，需要明确人在生态文明建设中的地位和作用。生态意识的价值在本质上要体现"人如何定位"的基本立场，这是从价值层面对生态意识的诠释，实质上是回答生态文明建设"为谁"和"如何评价"的价值定位问题。我国提出的"人与自然和谐共生"的生态文明理念，不仅将人与自然关系有机统一起来，而且明确将人具体化，解决了西方生态文明思想抽象理解人的缺陷。生态意识明确将主体界定为人民的范畴，清晰地表明生态文明建设是为了人民和由人民评价的根本价值取向，这是中国特色社会主义生态意识质的规定性，规定着生态意识的性质和方向。树立生态意识，在价值层面上必须明确，生态环境的改善是人民共有的价值需求，而且是不可或缺的价值需求。从价值意义上出发来理解生态意识，强调生态环境是最公平意义上的供给，要求宏观层面和微观层面的生态意识要达成一种共识，不断实现和满足人民对于生态意义上的美好生活的要求，不断满足人民群众对生态文明的要求和期盼，要提供一个优美的自然生态环境。从全球意义上而言，生态意识带有世界性，认为主体应该是全人类，在价值层面上肯定了生态是全人类共有的价值要求，生态是人类共有的生态。正确的科学的生态意识一直强调，"大自然是人类赖以生存发展的基本条件。"这就从生态意识层面明确回答了，我们所主张的生态价值，其实已经明确肯定了生态文明建设对于人类的重要价值，这就是给世界各国提供了一个总的价值指引，指明了生态文明建设是属于人类共同的事业。在实现人类共有利益这一点上，我国以务实的有效的行动向全世界宣示，中国在推进生态文明建设过程中，始终坚持的基本价值理念是，生态是全人类的生态，生态文明建设离不开世界的共同努力。

（三）权利与义务意识

一般说来，在社会实践过程中，每个行为者都有追求事业成功的权利，但也要承担相应的义务与责任，两者是相互依存、相互制约的。但在现实的人与自然关系中，情况并非总是这样，权利与义务的背离屡见不鲜，人们对自然只强调索取，要权利而不顾义务。有些人将自己的自由、权利发挥到了极致，其结果是带来生态的严重破坏，整个经济的发展处于无序与失范。随着野蛮的、掠夺式的开发和经营，人们赖以生存的土地、水源、矿产、能源、森林、草地、生物等资源伤痕累累，资源和环境危机四起，自然界给予无情的报复。严酷的事实表明：人有对自然界野蛮掠夺的权利，自然界也有对人无情报复的权利；人对自然界不负责，不履行义务，自然界也会无情无义。在人与自然的关系上，权利与义务就是这样紧密结合在一起的。这就要求我们树立一种新的权利与义务意识，自觉规范和约束自己的行为。习近平指出，"要大力宣传绿色文明，增强全民节约意识、环保意识、生态意识，倡导简约适度、绿色低碳的生活方式，把建设美丽中国转化为全体人民自觉行动。"① 在习近平看来，生态意识从权利和义务层面而言，就是要转化为人们的自觉行动才能真正产生推动生态文明建设的实际效果。这样的意识与规范，实际上就是学界通常所讲的"责任伦理"。生态意识从责任角度出发，鲜明地突出了权利和义务的指向性，提倡从权利和义务层面上回答生态文明建设到底要达到什么水平、实现什么状态。"美丽中国"就是在权利和义务层面上对生态文明状态的一种描述，是对美好生活的向往和追求在生态层面上的诠释和描绘，是生态文明建设的权利和义务的现实图景。从生态意识角度出发，"美丽中国"就是在肯定经济社会发展的基础上，强调生态文明发展的未来方向在于美丽中国建设。"美丽中国"是从权利和义务的双重视角，强调经济发展与生态文明的同步建设，这既是对传统发展模式的现实超越，更是人民群众对生态渴盼和追求的新表达，因而是生态意识的新飞跃。生态意识站在全人类立场上，以人类命运共同体的视角给出了中国方案，提出了美丽地球的生态文明建设目标，这实际上是提出了世界权利和义务意识，要求人类既要承担权利也要尽好义务。因为人类对自然的破坏所产生的危害已经是不可否认的事实，如果全球生态环境不改善，就没有人类和地球的未来，这已经在世界形成了基本的共识。建设美丽地球，世界各国必须放弃意识形态偏见，尤其要放弃霸权思维，结束损害双方利益的无谓对抗，携起手来承担应有的责任和义务，贯彻生态文明的伦理要求，积极应对破坏生态带来的各种全球挑战，以高效务实的行动建设清洁美丽世界。生态问题上的责任和义务，就是责任伦理。这种责任伦理要求我们必须从只把自然当成改造对

---

① 《习近平谈治国理政》第四卷，外文出版社 2022 年版，第 366 页。

象的征服意识转化为人与环境统一的伙伴意识，深刻意识到大自然是人类赖以生存的唯一家园，掠夺自然就是自伤人类的无机身体和家园，从而真正树立一种生态伦理精神，规范和约束自己的行为。

四、培育生态意识的途径

要在全社会形成普遍的生态意识，不能仅仅停留于一般的倡导与号召，而是需要进行积极的培养与建构。培养与建构的途径和方法是多方面的，但就我国目前的现状来看，重点是要加强这些方面的工作：

（一）加强生态教育，提高全民的生态素质

尊重自然、保护自然、顺应自然的和谐意识不是自发形成的，而是需要经过社会教育而产生的，有一个逐渐从自发到自觉的过程。生态文明建设一个是系统的全面的工程，生态教育也同样如此，要进行多领域多层面系统的生态教育。教育是整个社会发展的基础工程，对于生态教育而言同样如此。生态教育是生态文明建设的基础性工作，可以为生态文明建设提供不竭精神动力和源泉。生态教育是主动培育生态意识的最有效和最常用的方式。生态教育主要通过普及和灌输生态文明知识、生态文明观念、生态环境法制、生态文明技能等方面来培育生态意识的生成。为此，必须在全社会加强环境道德教育、环境法制教育、环境经济教育、环境科学教育，通过这些教育，提高全民环境危机意识和资源节约意识，促进生态意识的形成。生态文明教育的对象是全体人民群众，具体来说包括不同社会人群、不同年龄段、不同职业等方面的人群，目标就是要提升全面的生态素养，为生态意识的形成夯实基础。习近平指出，"要加强生态文明宣传教育，强化公民环境意识，推动形成节约适度、绿色低碳、文明健康的生

活方式和消费模式，形成全社会共同参与的良好风尚。"①生态意识无论在宏观层面还是微观层面，只有从个体意识形成为社会意识，达到全社会共同尊崇的程度，形成良好的社会风尚，生态意识才能真正地起到促进生态文明发展的作用。这是生态教育的落脚点，也是生态意识培育的价值所在。承担生态教育职能的主体是多元的，应以政府部门为主导，包括企业、学校、非政府组织等。这些主体根据自身的特点，各自承担生态教育的不同任务，其任务就在于使教育对象对保护改善生态环境从外在约束转化为内在动力，形成为一种生态自觉意识，进而在全社会形成良好的生态文明风尚，并内化为每一个人的行动自觉。生态文明建设是一个广泛的社会行为，是一项共同性的事业，参加的人越多越好。这恰恰是生态意识培育的意义所在。生态教育就是要求更多的人参与到生态文明建设中来，使其产生广泛的社会效应。而且，生态教育也不是一次性的、个别性的教育行为，而是经常性的、持续性的教育行为，需要根据生态文明建设发展的实际变化，有意识有针对性地开展生态教育，努力实现生态教育向终生教育、全民教育、全程教育、全域教育的转化和发展。通过这样的教育，可以全方位提升人民群众的生态素养，提高人民群众的行为自觉，从而真正有助于增强生态文明建设。

（二）加强生态文化建设，营造良好生态氛围

生态文化形成对于生态意识能否发挥作用至关重要。生态文化是生态文明建设的灵魂，也是生态文明建设的内在要求。生态文化的形成和发展是生态文明发展的重要标志。文化具有传承性和稳定性，一旦形成就会潜移默化地发挥作用，达到百姓日用而不知的效果。有无健康的生态文化环境，对于广大民众能否形成健康的生态意识，全社会能否采取一致的生态

---

① 《习近平谈治国理政》第二卷，外文出版社 2017 年版，第 396 页。

保护行动，影响甚大。在生态文化建设中，课堂教育、新闻媒介、社会舆论起着重要的作用：课堂教育可以使学生从小受到生态文化的训练和熏陶，逐渐养成生态保护的良好习惯；新闻媒介可以传播、沟通生态信息，扩大宣传，加强思想引导；社会舆论可以通过舆论引导、监督，培养人们对待生态的是非观念、荣辱观念。习近平指出，"要倡导环保意识、生态意识，构建全社会共同参与的环境治理体系，让生态环保思想成为社会生活中的主流文化。"①生态意识不仅要上升为文化形态，而且要成为主流文化，从而对最广泛的人群形成最广泛而深刻的影响。培育生态文化，就是要形成以保护生态发展生态为核心的主流文化，引导在全社会形成保护生态环境的价值取向和积极健康的行为模式，形成人人上心、人人关心、人人专心生态文明建设良好氛围。生态文化的培育关系到走向生态文明新时代，关系到生态文明建设的未来前景。我们要培育的生态文化不是别的，而是要融入社会主义核心价值观的生态文明理念，培育生态文化，实质上就是要弘扬以生态文明理念为主要内容的社会主义核心价值观，营造生态文明建设良好社会氛围。培育生态文化，必须弘扬中华优秀传统文化中的生态文化，实现传统生态文化的现代转化。中华优秀传统生态文化是在中华五千年文明史中积淀形成的，是对中国古人生态智慧、生态伦理的集中表达和高度凝练，对于培育和构建生态意识，推进生态文明建设的高质量发展具有重要启示和借鉴意义。要在挖掘中华优秀传统生态文化宝贵精神财富的基础上，深入挖掘具有民族传统的生态特色文化，充分汲取优秀传统文化的生态智慧，与社会主义核心价值观相融合，与时代发展的特色相融合，形成新时代的生态文化转化创新。要通过文艺的形式打造生态文化，通过创作以生态文化为主题的艺术作品，宣传倡导树立生态文明理念，倡导先进的生态文明价值观和生态文明审美观，从而以艺术的形式培

---

① 《习近平谈治国理政》第三卷，外文出版社 2020 年版，第 375 页。

育人们的生态文化，促进全社会生态意识提升。培育生态文化还要保护和利用好生态文化资源。无论中国古代还是当代，在人民创造历史伟业的进程中，尤其是在推动生态文明建设过程中，形成了大量生态文化资源，这些资源是生态文化的重要载体和传承的痕迹。保护生态文化资源，就是弘扬生态文化的宝贵精神财富，使更多的人意识到并且自觉地参与到生态文明建设当中。总之，只有齐抓共管，通力合作，才能有效地构建健康的生态文化环境，促进生态文化的发展，对生态文明建设产生积极的推动作用。

（三）加强制度建设，提高公民的生态法治观念

生态法治观念是生态意识的题中应有之义。法治思维模式是运用法治来认识、分析和处理问题的思维模式，是一种基于法律规范为标准的理性化思维模式。要通过制度建设，强化人们头脑中的法治思维和法治意识，从而促进生态意识的培育。只有在合理的制度安排中，人们的生态环境保护意识才能滋生、发育，生态环境责任才能成为可普遍践行的责任，生态保护行为才能成为自觉的、自我约束的行动。因为有严格的生态制度及其严密的法治保障，可以使人们的生态意识趋于理性，从而防止非理性的冲动。习近平指出，"推动绿色发展，建设生态文明，重在建章立制，用最严格的制度、最严密的法治保护生态环境。"[①] 制度可以强化和巩固生态意识的形成，生态观念的形成离不开完善的生态制度。通过生态制度，可以维护生态安全、优化生态环境，形成节约资源和保护环境的生产、生活方式，会给生态意识的形成提供一个制度标准和规范，从而促进生态意识的形成和巩固。之所以如此，原因就在于非理性的冲动和行为是要受到制度、法律的约束和惩罚的，是要付出沉重代价的。因此，加强制度约束是

---

① 《习近平谈治国理政》第二卷，外文出版社 2017 年版，第 396 页。

提高生态意识的必要前提和基础。生态意识作为生态文明在人们观念中的凝练和提升，有着明显的实践性，其最大价值在于能够促进生态文明建设朝向更加务实高效准确的方向发展。要使生态意识健康发展，必须加强生态意识的规范与引导，这就要求对生态文明建设有一个科学严格的制度和法治作为现实支撑。从制度层面而言，生态意识作为观念形态，需要制度自身的权威性以及制度制定的科学性来保障和培育。这就是要在生态意识的培育过程中，力求做到思想建设与制度建设相统一，既以科学的思想观念指导制度建设，又以制度建设保障生态意识的贯彻落实。只有这样，才能使生态意识落地生根，化为实际的生态文明成果。

第九章　生态意识的实际践行

　　建设生态文明是中华民族永续发展的千年大计，必须坚定走生产发展、生活富裕、生态良好的文明发展道路。建设生态文明绝不是一朝一夕的事情，而是一项浩大而漫长的系统工程，一项循序渐进的阶段性工程。生态文明建设需要党和国家在宏观层面制定指导性的方针政策，同样需要广大人民群众在行动上自觉践行。

　　现在，我国发展进入了新阶段。随着经济社会发展，人们对美好生活追求的愿望越来越强烈，对生态文明建设提出了更高的要求。党的十八大以来，党中央以前所未有的力度抓生态文明建设，全党全国推动绿色发展的自觉性和主动性显著增强，美丽中国建设迈出重大步伐，我国生态环境保护发生了历史性、转折性、全局性变化。生态意识作为一种思想价值观念，能够影响人们对于生态建设的价值认知与判断，改变、规约其价值选择与实践行为，从而提高人们保护生态环境、善待自然的自觉性。确立正确的生态意识，有利于自觉规范人们的生态行为。加强生态意识的培养，开展全民性的生态意识教育，提高生态文明认知程度，在全社会形成良好的生态文明共识，是推进生态文明建设的重要组成部分。面对环境恶化、生态危机等问题，如果人们能够形成以环境保护为己任的责任意识，那么，就会自觉限制自己的行为，生态环境问题随之会得到极大的改善。在我国社会主义现代化进程中，只有自觉承担起生态文明建设的责任，才能切实推进生态文明建设。

倡导和强化生态意识无疑是重要的，但是，具有决定性意义的一步是要将生态意识变为自觉行动，使之成为推动生态文明建设的实际力量。生态文明建设既要有生态意识的觉醒，又需要具体实际的行动，是一项兼具理论性与实践性的伟大工程。在发展经济与治理环境并举的实践过程中，要想实现"既要金山银山，也要绿水青山"的美好发展愿景，必须形成生态自觉，落实生态行动。生态文明建设的最终落脚点是人民群众的美好生活，因此要使生态文明最终回归生态文明的宗旨和目标，即生态行为必须有助于促进美好生活目标的有效落实，只有这样，才能使生态文明落到实处；也只有这样，才能真正激发人们自觉践行生态意识的积极性主动性。生态文明建设需要将生态文明意识与生态文明行为相统一。因此，将生态文明内化于心，激发全体公民的生态参与热情，提升每个人在生态文明建设中的认同感，形成符合生态利益的责任意识，为生态文明观培育良好的社会氛围，这是生态文明建设的前提和基础。在此基础上，引导人们自觉将生态意识转化为生态行动，自觉践行生态文明，这是生态文明建设的必然要求。也只有实现这样的转化，才能让生态文明落到实处。

一、具体化为相应的观念

（一）贯彻新发展理念

发展是人类社会的永恒主题，也是人类社会得以存续、繁衍的保障与前提。以何种途径实现发展，用什么手段推动发展，如何提高发展质量，怎样衡量和检验发展水平等，对这些问题的不同看法与回答就形成了不同的发展观。发展观决定发展道路。不同的发展观对发展有着不同的理解，有着不同的标准与要求，进而有着不同的发展目的和发展方式。

新发展理念是 21 世纪中国马克思主义关于发展的总的观点和根本观点，是生态文明的集中体现。新发展理念作为一种科学的发展理念，强调发展不仅要符合经济规律，而且要符合自然规律。其第一要义，还是强调发展，将发展作为现代社会的基本价值取向和目标追求。但是，在强调发展的前提下，将环境保护置于非常重要的地位，这就是经济发展不能以生态环境破坏为代价。历史一再证明，在人类社会发展的过程中，经济发展是其他一切发展的物质基础，而生态环境则又是经济发展的基础与前提。发展经济与保护环境并不存在矛盾与冲突，更不存在对立状态，相反，只有二者协调，才会相互促进、相得益彰。在贯彻新发展理念中，只有注重经济发展与生态保护的有机统一，才能更好地引领发展全局各个方面的协调发展。在新的历史条件下，要推进高质量发展，必须加强生态环境保护，促进中国从低成本要素投入、高生态环境代价的粗放模式向创新发展和绿色发展双轮驱动模式转变，促进能源资源利用从低效率、高排放向高效、绿色、安全转型。为此，需要全社会共同努力不断推动节能环保产业和循环经济快速发展，加快产业集群绿色升级进程，加速扩散和应用绿色、智慧技术，从而推动绿色制造业和绿色服务业兴起，实现"既要金山银山，又要绿水青山"。新发展理念已成为我国调整优化经济结构、转变经济发展方式、兼顾环境与效率的重要理念，成为推动中国走向富强与和谐的有力支撑。习近平强调："环境就是民生，青山就是美丽，蓝天也是幸福。"[1] 生态环境作为发展的底线，"要像保护眼睛一样保护生态环境，像对待生命一样对待生态环境。"[2] 发展不是"零和游戏"，"竭泽而渔"式的增长要不得，而是"既要金山银山也要绿水青山"。面对我国日益严重的水土流失、土地沙化、草原退化以及耕地逼近 18 亿亩的国情，生态环

---

[1] 《习近平谈治国理政》第二卷，外文出版社 2017 年版，第 209 页。
[2] 《习近平谈治国理政》第三卷，外文出版社 2020 年版，第 361 页。

境问题尤为重要。习近平提出："生态文明建设事关中华民族永续发展和'两个一百年'奋斗目标的实现。保护生态环境就是保护生产力，改善生态环境就是发展生产力"①。因此，必须牢固树立新发展理念。

（二）树立生态政绩观

政绩观是关于从政人员如何履行职责、追求何种政绩总的看法和根本观点。政绩观直接反映领导干部施政的指导思想和价值取向，关系人们对什么是政绩、为谁创造政绩、怎样创造政绩以及怎样衡量政绩等重要问题的回答，对从政人员如何从政、如何施政具有十分重要的导向作用。政绩观科学与否，不仅关系人民群众福祉的实现，而且关系党和国家社会主义事业的兴衰成败，更关系执政党在人民群众心目中的地位和形象。习近平指出，树立和践行正确政绩观，起决定性作用的是党性。只有党性坚强、摒弃私心杂念，才能保证政绩观不出偏差。中国共产党所要求的政绩从来都是坚持人民至上，符合最广大人民根本利益的政绩，是能够有力推动社会主义现代化建设顺利进行的政绩。树立生态政绩观，就是要创造真实、有效的政绩，创造党和人民满意的政绩，创造自然环境与社会经济共同发展的政绩。在生态文明建设上，领导干部必须坚持人民至上的执政理念，从满足人民群众的需要出发，改变自然资源可以取之不尽、用之不竭的观念，摒弃生态环境可以无限容纳开采的观念，转变长期以来不计能源资源消耗和环境污染成本、片面追求经济增长的做法，确立新的观念和思路。这就是要求在具体工作中，正确看待生态文明，把生态文明放到应有的位置，把生态文明建设水平看作是社会发展的关键指标，把能源资源节约、生态环境治理纳入重要的工作业绩，以从领导上保证生态文明的顺利实施。

---

① 《习近平关于社会主义生态文明建设论述摘编》，中央文献出版社 2017 年版，第 9 页。

现在，随着经济社会发展质量的全面提升，人民群众对美好生活的要求日益迫切，对生态发展的要求越来越高。符合社会发展的正确政绩观，只能是符合生态文明建设的生态政绩观，而生态政绩观就是适应生态文明建设要求的科学政绩观。粗放发展带来一系列人与自然的尖锐矛盾，这些矛盾的出现，迫使人们不得不反思过去单纯追求经济增长的片面政绩观，反思的结果，就是逐渐认识到生态环境与经济发展的内在关联。生态政绩观要求政府公职人员在履行职责的过程中，不能仅仅追求经济增长的业绩，同时必须追求生态文明的发展，经济发展不能以牺牲生态环境为代价。落实生态政绩观，说到底是为了实现最广大人民的根本利益。从本质上讲，生态政绩观就是人民至上的政绩观。这样的政绩观最根本的是要正确认识和处理好政绩观与发展观之间的关系，坚持一切从人民出发，从当前的环境状况出发，从当地的生态现实出发，既要积极进取，又要量力而行，既要发展经济，又要兼顾生态，不能脱离实际、脱离生态追求所谓的高指标。为此，要求领导干部树立长远眼光，树立生态思维，坚持求真务实，真抓实干，防止和克服热衷于搞华而不实、劳民伤财的"形象工程"，创造虚假的 GDP 增长，更要杜绝弄虚作假、欺骗党和人民的虚假工程，也要反对忽略人们生存环境、健康水平，不顾生态承受能力、肆意破坏环境的"自杀式"发展工程。

新发展理念是生态政绩观的前提和基础。有什么样的发展理念，就会有什么样的政绩观。反过来，有什么样的政绩观，也会形成什么样的发展观。二者是内在一致、相辅相成的。树立生态政绩观，关键是要牢固树立科学、正确的权力观、地位观、利益观。这就要求领导干部加强主观世界改造，正确对待权力、地位和名利；注重官德和党性修养，把职位作为为人民服务的平台；把人民利益放在高于一切的位置。在对政绩的考核上，要反对曾经出现过的把经济数字作为衡量政绩"唯一标准"的现象，以真正建立起风清气正的科学政治生态。

（三）形成合理的评价标准

传统政绩观是在经济理性支配下，以片面追求经济效益为标准，不顾甚至损害社会效益和生态效益来追求经济增长，尤其是以 GDP 的增长数量为标准来看待政绩。这样的政绩观不仅不能真正满足和实现人民群众的根本利益，反而会在一定程度上损害人民群众的根本利益，因而与以人民为中心的新发展理念背道而驰。生态环境事关人民日常生产、生活，直接关系人们生活质量，理应将社会效益和生态效益指标纳入社会发展的评价标准。应当看到，近年来，生态文明建设取得了很大成绩，生态文明意识也在不断深入人心。但是，GDP 仍是各级各地政府的重要考核指标，对经济利益的追求以及不同地区间政绩的竞争，成为政绩首要因素。这样一来，面对那些高能耗、高污染的产业，很难予以取缔。因此，必须将生态环境指标纳入社会发展衡量体系，确立合理的评价标准。只有这样，才能解决环境保护与经济增长之间的矛盾和冲突，有效转变片面追求经济增长的错误政绩观。就生态环境评价指标体系来说，涉及自然、社会、经济等多种复杂因素，各种因素对生态环境质量的影响程度各不相同，只有准确地确定出各个指标的权重值，才能科学地评价生态环境质量。

生态环境评价是依据一定的标准和方法对生态环境所处状态的一种整体性描述，它是客观的，不以评价者的主观意志为转移的。生态系统是一个复杂的系统，包括自然因素、经济因素和社会因素等，所以指标的选取应涵盖这些因素，同时在确定生态环境评价指标体系时应充分考虑到城市生态环境的服务功能和健康诊断评价。生态环境评价应包括对生态系统的生态分析和经济分析。由于生态过程中驱动因子的变化，生态变化的因果关系、空间尺度的扩展等皆会造成生态过程的迟滞效应，这就要求生态系统综合评价必须基于长期的生态研究。要对生态系统的现状及未来变化趋势作出正确的估计，应当在进行生态系统评价时充分考虑时间尺度和空间尺度的变换。完善生态文明评价体系，要将制度建设、经济发展、生态文化等多重因素作为生态文明评价的重要依据，构建多元化的弹性评价标准，全方位衡量生态文明建设的增长性、可持续性和自觉性。一是经济发展评价。生态文明建设需要物质基础和经济保障，转变经济发展方式，鼓励发展能耗低、污染小的产业，将经济发展速度、经济发展质量纳入衡量指标。二是生态制度评价。不同地区经济发展水平、资源环境容量、地理人口状况均存在差异，不同地区需要因地制宜制定差异化的方针政策，确定不同的发展目标，引导生态文明健康发展。从政府对文明行为的有效监督、政府构建和谐社会采取的措施、政府的制度建设等方面建立评价体系。三是生态文化评价。系统完善的生态文化能够促进生态文明观念在社会牢固树立，深入推进生态文明建设。要求从环境宣传和环保研发等方面推动生态文化产业的发展繁荣，考察生态文明理念的落实，个人生态文明素质的提升、包容性发展等。

二、生态文明建设的主体

　　生态文明建设是一项漫长而复杂的工程，共建生态文明的主体也呈现出多元性、层次性。1972年6月在斯德哥尔摩召开了联合国人类环境会议，会议发表的《人类环境宣言》向全世界宣告："人类有权在一种能够过尊重的和福利的生活环境中，享有自由、平等和充足的生活条件的基本权利，并且负有保证和改善这一代和世世代代的环境的庄严的责任。"这里所讲的生态环境保护，就牵涉到每一个人，而每一个行为主体都对此负有不可推脱的责任。具体说来，生态文明建设是政府、各类社会组织以及每个个体等多元主体共同努力的结果。多元主体协同治理有利于减少主体之间的内耗，提升生态文明建设的效率。不同层次主体间平等互利、通力合作，可以在认知上达成共识，在行动中积极合作。生态行为的具体落实，需要明确多元主体各自的使命与责任，明确各类主体的行为范围，划定各自的行为边界。为了落实生态文明目标，需要通过政府发挥主体力量，引导、规约、协调各类社会组织以及公众发挥各自优势，以合作代替冲突，以共享代替独占，以双赢代替互损。但是，由于生态环境具有整体性、系统性和复杂性的特点，完全依靠政府治理，显然又有些乏力，其实际效果会越来越弱，这就客观上要求通过发挥各种主体的资源、知识、技能等方面的优势，使生态文明建设系统在不断生成、发展的过程中达至更高级的完备状态，实现"整体功能大于局部之和"的功效。

"十三五"规划就曾强调"创新环境治理理念和方式"，"形成政府、企业、公众共治的环境治理体系"；"十四五"规划和 2035 年远景目标纲要又强调，要加大环保信息公开力度，加强企业环境治理责任制度建设，完善公众监督和举报反馈机制，引导社会组织和公众共同参与环境治理。党的十九大报告进一步明确提出，要"构建政府为主导、企业为主体、社会组织和公众共同参与的环境治理体系"。① 在生态文明建设过程中，政府、各类社会组织、个人构成一个开放的整体系统。生态文明建设可以通过积极发挥政府主体、市场主体与社会主体各自相对优势，构建生态文明建设的多元主体模式来进行。多元主体共同发力是我国现代化建设的必然途径，也是生态文明建设发展的必然取向。现阶段建设生态文明，政府是主导力量，各类组织是中坚力量，个人则是基础力量。多元主体共建生态文明，要求政府发挥主导作用，通过主动的意识引导和制度构建，最终顺利走向社会主义生态文明新时代；社会组织通过联合各方力量，扩大社会影响，推动生态文明建设；公众投入时间和精力，积极参与、监督，获得

---

① 习近平：《决胜全面建成小康社会　夺取新时代中国特色社会主义伟大胜利——在中国共产党第十九次全国代表大会上的报告》，人民出版社 2017 年版，第 51 页。

优质的生态产品和生态环境。通过相关多方的努力，建设主体达成自己的
目标，实现共赢。

（一）政府是主导

政府作为国家权力和人民利益的代表者，作为党和国家意志的执行
者，在生态文明建设中居于主导地位，需要发挥主导作用。政府不仅要在
管理和社会服务方面承担重大责任，也要在生态治理中承担应有的责任，
发挥应有的作用。各级政府是本行政区域生态文明建设的主要责任人，对
本行政区域的生态文明建设负主要责任，政府要担负起对生态文明建设部
署、协调、监督等职责。政府相关部门要履行生态文明建设的具体职责，
要分工协作、共同发力，汇聚起生态文明建设的强大力量。总之，政府既
是人民利益的代表组织，也是社会公共生态环境的承担者、协调者、管
理者。

政府在生态文明建设中发挥主导作用，具有其他组织和个人无法比拟
的合法性。按照"政府主导"的原则，政府可以积极促进环保产业的成长、
成熟，主动平衡公共利益、经济利益、生态利益、社会利益。在这些方
面，政府有着其他主体不可替代的优势，政府完全可以大有作为。当然，
政府在推动其他社会主体进入生态文明建设系统、参与生态文明建设的同
时，决不能松懈、忽视自身的建设。孔子言："苟正其身矣，于从政乎何
有？不能正其身，如正人何？"习近平总书记也一再强调"打铁还须自身
硬"。这就要求政府在生态文明建设过程中必须身先士卒、以身作则，努
力将自己塑造成能够引领全社会共同建设生态文明的示范者、先行者。作
为行政主体的政府在生态文明建设中的定位可以简单概括为：依法运用其
享有的公共行政权力，依托其掌握的公共服务资源，充分发挥自身的特点
和优势，利用自身的长处，推动其他各类主体积极、主动参与生态文明建
设。简单说来，就是政府要在生态文明建设中真正成为生态文明建设的推

动者。政府机关从事生态文明建设的民事活动时，应当以其履行法定的职能之需为限，不能跨越主体条件限制、不得从事任何营利性活动。伴随治理现代化的发展，政府在加快职能转变、明确政府权限、强化政府公共服务职能等方面，应逐渐转换角色。政府的主导作用很大程度上依赖于法治功能，生态文明建设必须纳入法制化轨道。政府在充分运用行政立法权的同时，还应当积极推动权力机关加强生态文明立法。唯有如此，才能形成生态文明建设的长效机制，切实推进生态文明建设。

（二）企业是主体

企业在生态文明建设中的主体作用是非常突出的。从以往的历史发展来看，对生态环境造成最大规模最深层次破坏的时代就是工业文明时代，而企业往往是生态破坏的直接参与者和实施者。当今时代，造成生态环境最大危机的、形成最大威胁的，依然是企业。正如习近平总书记谈到的那样，"工业化进程创造了前所未有的物质财富，也产生了难以弥补的生态创伤。"①可以看出，如果企业能够承担起生态保护的责任，在生态文明建设中真正发挥主体作用，那么生态文明建设将会取得明显成效。因此，企业在生态文明建设中承担着极为重要的责任。这也意味着，随着中国特色社会主义进入新时代，企业在生态文明建设的新起点上有了新使命。企业要积极回应人民群众对自然环境的关切，不断完善企业的生态文明建设格局，提高生态文明建设的现代化水平，为人民群众提供更好的生态产品和服务。

企业要发挥生态文明建设的主体作用，首先必须树立正确的生态文明理念。一个企业既要具有强大的竞争力，同时还要承担生态责任和义务。企业应该清醒认识到，"生态优先、绿色发展"，这是企业发展的基本

---

① 《习近平谈治国理政》第三卷，外文出版社 2020 年版，第 374 页。

导向。生态文明建设不是企业发展的压力和阻力，而是企业发展的内生动力，抓好了不仅会提高企业的经济效益，还会显著增强企业的综合竞争实力，更会提升企业的公众形象。其次，企业应该主动承担生态建设的社会责任。企业要坚决避免"以牺牲环境换取经济增长"的错误价值理念。企业作为国民经济和建设发展的基础，承担着生产公共产品、提供社会服务的重要职责，企业越是承担更多的生态责任，企业所提供的产品包含的价值就越大、越丰富。企业不仅要走绿色发展之路，努力推动生态环境改善，而且要尽可能多地提供更多优质绿色产品，不断满足人民对绿色发展的需求。再次，企业要形成绿色企业文化。企业在生态文明建设的过程中，积极采取有力措施提升企业全体员工参与生态文化建设的水平。企业的生产经营、文化建设是相融互促的。企业承担绿色发展的责任，是企业所有员工的共同责任，应引导企业人人参与的生态文化格局，推动形成人与自然和谐发展的企业文化氛围。

（三）社会组织是中坚

社会组织多是基于自治、自愿的原则而设立的，它的非政府性、非营利性使之明显区别于传统的政治组织和经济组织。生态文明建设仅仅依靠企业努力和政府支撑是远远不够的。生态环境保护作为一种公共产品或公共服务，是多主体共同参与才能完成的浩大工程。除了政府和企业外，还需要社会组织的参与。生态环境保护社会组织参与机制的建立，有助于破解许多生态环境难题。社会组织在应对公共环境事务方面具有独特优势，是参与生态文明建设的中坚力量，积极参与生态文明建设是其应当承担的社会责任。各类社会组织凭借自身的人力、物力以及智力优势，自觉、自发、自愿地参与生态文明建设，在一定程度上减轻了政府的负担。现代社区和社会组织的蓬勃发展，为人们拓展参与环境治理的形式与渠道提供了可能。过去，人们大多是以个人形式参与环境治理，这种零散的力量很难取得较大的效果。近年来，社会环保组织迅猛发展，现代社区生活模式日益普遍化，社会组织和社区具有的组织化功能，使其成为人们参与环境治理的重要载体。各类社会组织可以发挥自身的专业优势和灵活性的特点，是发动群众、宣传群众、教育群众、组织群众、动员群众参与环境保护的有效途径和良好形式。环保社会组织可以采取灵活多样的形式，比如演讲、报告会、图片展、艺术表演等，增强活动的趣味性和吸引力，让人们在参与中受到感染，从而增强人们的生态意识。以民间环保组织"自然之友"为例，"自然之友"采取了多样的活动进行环保宣传，如城市垃圾减量活动、城市减碳行动、自然讲堂、专题报告等。除此之外，还通过出版发行多种读物来宣传环保，如《中国环境绿皮书》《自然之友通讯》等。各种生动活泼的宣传活动取得了良好的宣传效果。总的说来，各类社会组织在生态文明建设中确实能够发挥重大作用。但是，各类社会组织目前的基础还较薄弱，影响力还不强。政府可以通过分类指导、购买服务、评价监督等形式，以及相应的孵化机制、专项资金、信息共享平台等具体措施，在对环保社会组织的管理中扶持其发展，使其成长为连接政府与人们的重要桥梁和纽带。

　　人们可以根据专业与兴趣特长组建各类环保社会组织，明确自身发展的目标，健全组织内部制度，实现环境治理的组织化有序参与。同时，应大力发展社区环境自治，拓展人们的环境治理参与渠道。社区事务与人们自身生活紧密相关，能提升他们的参与意识和参与度。可以通过召开社区大会，将社区环境保护与整治、社区环境长效治理方案设计等，交由社区居民集体讨论决策。可以采取灵活的形式，将不同群体吸纳到社区环境治理中。如组织社区的退休居民成立社区环境污染监督巡查队，坚持进行环保督查；组织社区的文艺爱好者成立环保文艺宣传队，通过文娱表演的形式宣传生态环保等。此外，还可以通过创新参与形式，激发人们参与环境治理的主动性。在环境治理中，地方环境管理者与当地居委会、村委会应相互配合，积极应对。如路边、河边到处可见各类固体垃圾，使城市、村庄整体的自然生态景观遭受破坏；生态破坏、环境污染等问题给旅游业发展带来了不小的影响，生态质量的下降直接导致游客数量的减少，进而造成旅游经济收入的下降。面对这种状况，单方面的力量是有限的，需要综合协调。这就需要地方环境管理者与当地居委会、村委会相互配合，组织社会成员开展集体环境治理，因为这些组织代表的是整体利益而不是个体利益，有更大的协调能力和组织能力。

（四）公民个体是基础

生态文明建设作为一种公共事业，无论如何离不开每个公民个体的参与。公民个体在生态文明建设中发挥着基础的作用。在生态文明建设过程中，必须纠正生态文明建设仅仅是政府和企业的事情的错误观念。实际上，生态文明建设直接涉及的是全民的事，因而是每个公民的事。离开了公民个人的参与，生态文明建设不可能成功。从长期发展来看，生态文明建设需要每一个个体全身心参与，从细节做起，从小事做起。要大力提倡和激发公民个人参与生态文明建设的责任意识，提高公民个人建设生态文明的主动性和自觉性，这是生态文明建设最为基础性的工作。在这方面，应当关注个体参与的理论研究。个体参与的概念和理论肇始于西方，最初应用于政治学和管理学领域。后来，个体参与环境治理关注的重点集中在具体的参与模式与途径以及有效的政策支持方面。20 世纪 90 年代，个体参与理论传入我国，作为一种管理原则后来被引入环境治理领域。从相关理论的一般性介绍，到个体参与功能的讨论，再到具体参与行为、参与途径的分析，理论研究逐渐深入。2002 年，《环境影响评价法》首次写入了公民"环境权益"的内容。2006 年和 2007 年先后颁布的《环境影响评价公众参与暂行办法》《环境信息公开办法(试行)》，确立了社会成员参与环境影响评价制度和环境信息公开制度。2015 年，

《环境保护公众参与办法》又对个体获取环境信息、参与环境保护的权利作了进一步规定。

　　个体是生态文明建设的主力军和主体力量，必须开辟绿色通道，大力推动每个社会成员参与生态文明建设。习近平总书记指出："生态文明建设同每个人息息相关，每个人都应该做践行者、推动者。"①大自然给予人类的是美好的充满乐趣的，每一个人都应该热爱自然，形成热爱自然、保护自然的良好习惯，把爱护保护环境作为每一个人的责任。在环境治理过程中，发挥每个社会成员自身的主动性至关重要。公民个人的生态环境知情权要求政府把环境保护和环境破坏信息向社会公开，也敦促政府在环境决策过程中更多地倾听广大群众的意见和呼声。多方参与和分工合作的生态文明建设格局有助于避免生态文明建设由于利益主体不一致和权责界定不明引发的混乱和低效，公民个人的参与可以提高生态文明建设的有效性。在单一的环境管理思维影响下，经济发展与生态保护往往成为一种对立的关系，难以挖掘出两者间的协调一致。环境保护的本质是寻求经济与环境的协调发展，是"人类—经济—环境"系统实现良性循环的中心环节。培养每个人的生态文明观首先要培养生态文明忧患意识。生态文明忧患意识的培育，就是要提高每个人面对日益严峻的生态环境问题的忧虑感和紧迫感。每个人都是生态文明建设的中坚力量，他们能否意识到生态问题的严峻形势，能否具有生态忧患意识，能否把生态危机的现状与自身的全面发展联系在一起，对每个人生态文明观培养具有重要的影响。大部分人在关于担负生态问题责任主体方面的相关认知上，更倾向于社会、政府、企业，而面对环境问题带来的负面影响又多把自己定位于受害者的角色。这表明，大部分人对生态文明的权责定位还是不明确、不清楚。为此，必须在价值取向上重新审视人与自然的关系，在处理人与自然的关系时，更加

---

① 《习近平谈治国理政》第二卷，外文出版社 2017 年版，第 396 页。

强调义务和责任，而不是享乐与权利。

三、软硬约束与新闻监督并举

生态文明建设在倡导自愿自觉参与的同时，也需要对人们的行为进行约束和规范。约束人们的生态文明行为，主要依靠法律和道德。法律相对于道德而言具有强制性，范围也更加明确。完善法律法规可以更好地维持社会正常秩序，从而解决道德所不能调控的领域。然而，生态文明行为的强化不仅要靠外在的法律硬性约束来实现，还要依靠共同价值的道德软约束来规范人们的生态行为。

（一）完善生态文明制度与法律形成硬约束

生态文明法律制度建设是生态文明建设的重要保障。生态文明建设作为一项复杂的系统性工程，不仅需要明确的环境保护类法律制度，更需要完备的配套法律制度体系，健全立法内容。健全的法律、法规是各行为主体参与生态文明建设的重要保障，行为主体的环保知情权、表达权、监督权和诉讼权都需要依托相应的法律法规才能有效实现，从而保障行为主体参与生态文明建设的积极性，提高行为主体落实生态文明行为的规范性。习近平总书记指出："要深化生态文明体制改革，尽快把生态文明制度的'四梁八柱'建立起来，把生态文明建设纳入制度化、法治化轨道。"[1]

1.加强制度建设

生态文明制度建设是生态文明建设中带有根本性的任务，是打赢生态

---

[1]　《习近平谈治国理政》第二卷，外文出版社 2017 年版，第 393 页。

文明建设这场硬仗的制度保障。必须从政治高度看待生态文明制度建设的极端重要性，把它作为事关民族复兴伟业和人民根本福祉的重大民心工程、民生工程，真正抓好生态文明制度建设。习近平总书记指出，"用最严格制度最严密法治保护生态环境。保护生态环境必须依靠制度、依靠法治。我国生态环境保护中存在的突出问题大多同体制不健全、制度不严格、法治不严密、执行不到位、惩处不得力有关。"①党的十八大以来，我国生态文明建设从认识到实践发生了历史性的转折和变化，生态文明制度体系不断完善，生态文明制度建设的速度不断加快，质量不断提升。2013年9月，国务院发布《大气污染防治行动计划》。2014年1月，全国31个省（区、市）签署大气污染防治目标责任书。2015年1月1日，《中华人民共和国环保法》开始施行。2015年9月，《生态文明体制改革总体方案》公布，明确了生态文明体制改革的基本架构。2018年7月，国务院正式印发《打赢蓝天保卫战三年行动计划》。党的十八大以来，我国总计出台数十项生态文明建设相关具体改革方案，制定和修订30余部生态环境与资源保护相关法律。这些法规为生态文明建设奠定了制度法律基础，强化了生态文明建设的顶层设计，具有普遍指导性作用，为各地区提供了参照依据。现在的问题是，有关自然资源开发、生态环境保护、生态建设管理、生态评价考核等具体制度等还尚未健全、完善。推进生态文明建设的制度化、法治化是促进生态文明建设的核心和前提。制度政策、法律法规在规定生态文明红线的同时，也可以为生态文明的践行提供强有力的监督和保障，从而为生态文明践行解决后顾之忧。目前，制约人们积极、高效参与生态文明建设的不利因素，就是相关信息的不对称。制度建设的首要任务，就是要完善生态文明建设信息公开制度，搭建信息公开平台，规范生态文明建设信息发布的主体、明晰内容辐射范围、明确时效覆盖范围

---

① 《习近平谈治国理政》第三卷，外文出版社 2020 年版，第 363 页。

等，保障公众的环境知情权。要明确规定各行为主体需要公布的环境信息，如政府的重大生态文明建设项目及各项环境政策信息，公开本区域内生态环境质量数据、报告；通告环境违法行为及后续结果等，确保环境信息披露的及时、准确。充分利用网站、报刊、广播、电视等平台公开环境信息，健全环境信息公开的大数据平台，方便人们查询、监督、使用环境信息。

在享有知情权的基础上，人们还可以通过一定的利益表达机制，向有关部门提出意见建议，反映自己的环保诉求。具体来说，就是要优化信访制度。建立公众和政府交流的对话机制，不断完善环境听证制度；扩大听证会的适用范围，简化听证程序，缩短听证时间，并为参与听证的公众提供一定的资金支持等；建立环境治理问卷调查机制，由环保社会组织定期向公众发放问卷，了解公众对生态环保决策、监管、执法等方面的诉求和意见；建立生态环境治理多方会议制度，由政府环保部门定期召开，介绍国家环境治理政策和地方环境治理问题，请公众代表参加会议并献计献策；组建环境治理委员会，以社区、乡镇为单位，由政府代表人员与公众共同组成，实现公众的有序参与及合理表达。同时，应继续完善生态环保公众监督机制。建立公众监督举报制度，强化环境影响评价制度，设立专门的环保问题信箱等举报平台和统一的环保举报热线电话，保证公众生态环保监督权的实现；健全环境污染和环境公益诉讼制度，扩大诉讼主体范围，让公众个体、非直接利害关系人也有诉讼权，完善举证责任倒置制度，依靠广大公众揭发环境违法犯罪行为；注重健全生态环保意见反馈机制，建立"受理—查处—答复—征求意见—再处理"的工作程序，设立领导接待日等，对公众的生态环保意见、诉求作出及时的反馈，对积极参与环境治理并有特殊贡献的公民，给予一定形式的奖励，调动公众参与环境治理的主观能动性。此外，还应完善专家论证和咨询制度，为公众参与提供专业技术支持，提高参与的有效性。

2. 完善法律法规

完善的法律法规也是促进生态意识践行的有效手段。生态意识的法律法规必须从生态文明的具体问题出发，具有针对性和可操作性。在立法层面，1979 年 9 月我国制定了《中华人民共和国环境保护法》。党的十八大以来，我国生态文明建设的立法速度逐渐加快。《环境保护法》于 2014 年修订，2015 年 1 月 1 日起施行。《大气污染防治法》于 2015 年修订，这次修订充实了修订后的环境保护法和"大气十条"相关内容，被称为"史上最严"的大气污染防治法。《水污染防治法》于 2017 年修订，增加了关于实行河长制的规定，增强了对违法行为的惩治力度。《土壤污染防治法》于 2019 年 1 月 1 日起正式施行，填补了我国土壤污染防治领域的立法空白。《固体废物污染环境防治法》于 2020 年修订，自 2020 年 9 月 1 日起施行。总体来看，经过近十年的法律法规建设，我国现有的同生态、环保相关的立法彼此割裂、分散、脱节的现象得到有效解决，已经形成有关自然资源开发、保护、生态建设管理、评价考核等的法律保障系统。生态文明建设确实需要形成以宪法为根本、单行法律为依据、地方性法规为补充的环境保护法律体系。同时要以现有的法律体系为基础，设计出我国生态保护法的基本框架，明确生态保护的目的、原则、适用范围、基本法律制度和措施，确立统一监管、整体保护的管理体制，完善监督检查和法律责任的规定。

建立健全生态文明法律法规，惩处违法违规行为，在全社会形成保护环境的法治共识，意义重大。党的十八大以来，我国就出台了一系列国家环保法规，环保部也不间断地约谈破坏生态环境的各级政府、监管部门和相关责任人，使许多环评不合格的企业和负责人得到了不同程度的惩罚。现在，生态建设职能已经纳入政府基本职能范围之内，政府可以更好地在生态文明事业中发挥其主导性的作用。也正因为如此，政府更应当加强生态文明建设相关的法律法规和保障机制建设。

生态法律规范是公民生态行为规范体系的保障。所谓生态法律规范，是指国家制定或认可的以规定当事人生态权利与生态义务为内容的具有普遍约束力的规则或准则。诸如污染防治、环境影响评价、节约能源和森林保护等法律规范。众所周知，在公民生态行为规范的实际操作过程中，要有效地调节对抗关系、有效地制止破坏生态文明制度建设的某些暴力行为，必须对造成生态环境损害的责任者实行严格的赔偿制度，依法追究刑事责任。生态法律规范也由此应运而生。生态法律规范具有规制性乃至强制性等基本特征，能有效地保障公民生态行为规范的权威性和可实现性，因而它是生态行为规范的保障性因子。生态法律法规的保障性源生于其规范的体系有效性、事实有效性和正当有效性。加强生态法律知识普及教育，促进人们自觉学习生态类法律知识，着重提高生态法律认知水平，使每个人能够自觉遵守现行的生态环保类法律法规。同时，号召全社会自觉运用法律法规保障自身的生态权益，提高生态维权意识，切实保护自身的生态权益。鼓励大家在懂法、用法的基础上，进一步自觉投身于生态文明法治建设，并影响、带动周边人投身生态文明法治建设，运用法律手段阻止、抵制他人有损生态环境的行为。这样一来，在全社会各领域的共同合作下，生态文明法治建设有可能做到有法可依、有法必依、执法必严和违法必究。

（二）形成共同价值理念的道德软约束

生态文明行为的强化不仅要靠外在的硬性约束来实现，还要依靠共同的价值追求的软约束来规范人们的生态行为。形成生态文明建设的软约束基本条件之一，就是各行为主体形成共同的价值追求。2015 年中共中央、国务院《关于加快推进生态文明建设的意见》指出："必须弘扬生态文明主流价值观，把生态文明纳入社会主义核心价值体系，形成人人、事事、时时崇尚生态文明的社会新风尚，为生态文明建设奠定坚实的社会、群众基础。"在生态文明的框架体系中，人与自然和谐共生是一个总的大的范畴。人与自然和谐共生所涉及的价值理念有其产生的必然基础。从价值层面来看，人与自然和谐共生，从本质上说是人的利益问题，就是通过一种和谐的方式实现人与自然的利益最大化，实现的是人与自然的利益双赢。从实践层面来看，人与自然和谐共生，就是要求不同层面的人能够在正确的价值理念指引下协调和理顺各种利益关系，从而实现人的文明和生态文明相向而行。人与自然和谐共生，是生态文明的核心价值理念。共同的价值追求使得不同行为主体在参与共建生态文明的过程中，可以形成心理上的共鸣，形成"共生共存感"，从而可以将个人利益与共同利益相结合，约束、规范各行为主体的行为，引导各成员的行为趋向于共同价值。事实上，由文化观念和共同情感等要素构成的软约束本身就是生态文明建设的建构性力量——涂尔干就曾经将社会界定为完全由观念和情感组成的复合体。①

　　观念、情感、风俗、习惯是社会共同价值理念的具体表现，深深植根于社会的经济文化背景之中，会对生态文明建设的践行产生重要影响。生态文明建设应当充分考虑到观念、情感、风俗、习惯的作用，形成价值理念的软约束，促使各行为主体形成强烈的共同情感，培育积极的共同价值观，承担共同责任；同时让各行为主体在建设生态文明的过程中获得认同感，进一步激发出共创美好生态环境的热情。市场经济背景下人们普遍奉行的价值观在本质上是一种经济理性价值观，这种价值观将社会物质财富的增长作为单一目标，为了追求经济增长，可以不惜以破坏自然环境为代价来求得利益的最大化。虽然人类因此而创造了巨大的物质财富，但却激化了人和自然的矛盾，将两者推向了严重对立的状态，阻碍了经济社会的

---

① ［美］塔尔科特·帕森斯：《社会行动的结构》，张明德等译，译林出版社 2003 年版，第 495 页。

持续发展。只有从意识上达到对自我行为模式的正确判断，才能使其行为更为规范。现在，随着我国生态文明建设和积极推进，社会成员中知行不一的现象得到积极改善，社会公众对生态文明建设认识不透彻、认识偏颇的现象得到明显转变，但从整体来看，生态意识还比较薄弱，需要加强。增强生态意识，应当构筑积极的社会共同价值。只有这样，生态意识才有可靠的基础。

（三）发挥新闻舆论的重要作用

新闻舆论是推动生态文明建设的重要力量。现代传媒具有覆盖面广、渗透力强、影响力大的优势，能够在全社会弘扬绿色理念、进行生态环保舆论监督、营造生态文化氛围。应充分发挥新媒体的独有优势，在继续利用传统媒体的同时，努力通过移动终端、网络等开展多层次、精准化、多形式的生态环保宣传，把生态环保理念普及到每位公众。对不同层次的公众，应设置不同的宣传方式，如指导手册、公益广告、纪录片、短视频等，宣传生态伦理及生态行为准则，引导公众自觉节约资源、爱护环境和保护生态。大力挖掘传统文化中的生态环保理念，弘扬社会主义生态文明观，引导公众树立科学理性的财富观、消费观和生活观，广泛宣传报道环境治理中的先进典型，提高公众参与环境治理的责任意识，形成有利于环境治理的良好舆论氛围。应积极利用微博、微信等公众平台以及遗址公园、湿地公园、矿山公园等各种宣传阵地，从公众关心的现实生态环境问题切入，增强生态环保宣传的亲民性。应运用现代传媒的舆论监督功能，对破坏生态环境的组织和个人进行曝光批评，警示公众进行自我约束，自觉地修正与生态环保相悖的思想和行为。同时，应利用新闻媒体积极推介绿色产品，倡导绿色生活方式，宣传社会主义环保新风尚，营造全社会的生态文化氛围。研究表明，利益相关度与公众参与度正相关，治理议题与公众利益关系越大，其参与的广度与深度越高。而社会信任度越高，沟通与协商越容易实现。因此，对于利益覆盖面广的环境议题，应通过强化政府信用建设，增进社会信任，促进利益相关方的平等沟通与理性对话，以协商达成公众的环境利益共识。

加强新闻舆论对环境生态保护宣传和普及，可以有效地扩大公众生态意识的提升，从而为生态文明践行提供舆论助力。受区域经济文化发展的限制，我国一些地区尤其是经济条件比较落后的农村地区群众的生态参与意识仍很薄弱，参与程度仍然比较低。新闻舆论在进行宣传时，应考虑新闻媒体宣传难以覆盖的地区，拓展生态意识的覆盖面。新闻舆论在进行生态文明宣传和教育时，不应仅仅局限于生态建设的自然方面，应该更多与生态文明建设的社会层面结合起来，让公众全方位了解和理解生态，使得参与生态文明建设的意识贯彻社会生活的各个方面之中，为生态文明建设建立广泛的社会基础和群众基础，营造生态文明建设的良好公众参与氛围。

四、形成绿色生产、生活方式

人类最基本的活动是生产活动和生活活动。无论是生产活动还是生活活动，都离不开自然环境。自然环境是人类生产、生活赖以存在的物质基础。建立在物质基础上的生产、生活均受自然环境的制约。要建设生态文明，应将生态文明作为一个重要的变量纳入人们的生产和日常生活，这就要求确立科学的消费观，全面推行绿色生产、生活方式，倡导有利于自然环境和人类自身发展的绿色生产和生活行为。"推动形成绿色发展方式和生活方式，是发展观的一场深刻革命。"[1]习近平总书记在党的十九大报告

---

[1]　《习近平谈治国理政》第二卷，外文出版社 2017 年版，第 395 页。

中谈到绿色发展时曾三次强调绿色生活方式，提出"要形成绿色发展方式
和生活方式""倡导健康文明生活方式""倡导简约适度、绿色低碳的生活
方式"；在党的二十大报告中再次提出要"推动形成绿色低碳的生产方式
和生活方式"。可见绿色生产、生活方式对于绿色发展和生态文明建设的
意义多么重大。

（一）形成绿色生产方式

健康、文明、科学、高效的生产方式应蕴含生态文明、体现生态文
明。现代生产方式应该是一种人与自然和谐共生的绿色生产方式，是一种
有利于自然环境优化、有助于人的全面发展的绿色的生产方式。马克思早
就讲过："他们是什么样的，这同他们的生产是一致的——既和他们生产
什么一致，又和他们怎样生产一致。"① 在谈到生产与消费的关系时，马克
思又强调生产决定消费、消费制约生产。马克思在好多地方都讲到自然环
境对于生产的重要作用。但是，在现实的发展过程中，生产与环境的关系
并非和谐协调。自然资源的不合理开发，造成了严重的生态环境危机。"人
类大踏步地走过风景秀美之地，而沙漠紧随其后。"② 工业经济的迅猛发展
为人类社会创造了巨大的物质财富，相伴而生的是资源稀缺、环境破坏、
污染严重，一系列的生态环境问题对人类生存发展质量以及经济的可持续
发展构成巨大威胁。正是在自然界向人们敲起警钟之后，人们才开始意识
到生产方式需要改进。习近平总书记指出："要结合推进供给侧结构性改
革，加快推动绿色、循环、低碳发展，形成节约资源、保护环境的生产生
活方式。"③

---

① 《马克思恩格斯选集》第 1 卷，人民出版社 2012 年版，第 147 页。
② ［美］加勒特·哈丁：《生活在极限之内——生态学、经济学和人口禁忌》，张真译，上
海译文出版社 2001 年版，第 25 页。
③ 《习近平谈治国理政》第二卷，外文出版社 2017 年版，第 393 页。

绿色生产方式是将客观外部环境所存在的生产要素纳入生产过程进行综合考量时，将环境作为生产过程不可或缺的首要因素而履行的对生态环境的义务，这种以生态要素作为生产约束和基础条件的生产模式就是绿色生产方式。绿色生产方式比传统生产方式至少增加了两个重要的因素，即环境的长远利益和消费者的长远需要。有助于生态环境和人类双赢的生产应该是绿色的生产，即有益于生态环境系统发展的生产。绿色生产最直接的效应就是减少资源浪费与生态环境污染，最终把地球建设成一个绿色、健康、温馨的美丽家园。作为生产者要采用有利于自然环境的生产方式，在投入生产之前坚持生产原料的绿色采购。绿色采购是建立在可持续发展思想上的采购观，绿色采购本质上就是一种绿色生产观，有利于产品的再循环使用，减少企业后期治理成本。绿色采购从生产的源头出发，严格控制生产原料，减少生产对环境的负面影响。生产原料投入生产时严格把控生产过程，可依托先进技术提高资源的利用效率，节约能源、资源，从而减少废弃物排放，实现绿色生产。作为经营、决策者要将环境效益放在重要位置，达到绿色产品要求，采用绿色产品标志和绿色注册商标，标明产品绿色等级，对产品进行无污染的简单适用的绿色包装。

（二）形成绿色生活方式

生活活动与生产活动密切相关。生产活动是全面的，生活活动也是全面的，全面的生活也就意味着全面的生产。全面的生活涵盖生活的方方面面，但最基础的还是物质生活。"我们首先应当确定一切人类生存的第一个前提，也就是一切历史的第一个前提，这个前提是：人们为了能够'创造历史'，必须能够生活。但是为了生活，首先就需要吃喝住穿以及其他一些东西。"[①]优质的自然环境是人生存和发展的基本条件，生态文明建设

---

① 《马克思恩格斯文集》第 1 卷，人民出版社 2009 年版，第 531 页。

事关每个人的既有利益和未来预期。要想获取良好生存空间，提高生活水平，每个人都应积极践行绿色生活方式。马克思从人的生存状态角度把人类社会划分为依次演进的三种形态，即以"人的依赖关系""以物的依赖性为基础的人的独立性"和"自由个性"为基本特征的三大社会形态。生活方式在一定程度上就决定着人们的生存状态，成为人自身的实现形式。绿色生活方式就是人与自然和谐的生活方式。诚如习近平总书记所说，"'取之有度，用之有节'，是生态文明的真谛。我们要倡导简约适度、绿色低碳的生活方式，拒绝奢华和浪费，形成文明健康的生活风尚。"① 符合生态文明建设的生活方式必然是绿色生活方式，是符合马克思主义生态文明思想的合理的生活方式。绿色生活方式就是要求人们充分尊重、爱护自然生态，重视公共卫生环境，将生活与生态融为一体，相依相存。

改革开放以来，我国经济建设取得了巨大成就，社会生活发生了巨大变化，人们的生活也得到了切实的改善。在生态文明建设中，人们深切地感受到生活方式的重大作用以及形成良好生活方式的重要性和迫切性。绿色生活就是要以节俭、环保为取向，崇尚基于基本生活需要的节俭生活方式。具体来说，就是要反对奢侈消费，推崇适度的生活理念，尽力减少资源浪费和环境污染。践行绿色生活应从日常小事做起，诸如节约水电、绿色购物、生活垃圾分类处理等，逐渐养成生态文明习惯。

要推进绿色生活方式，应当加强管理、监督、检查。一方面，要注意引导人们积极为生态文明建设建言献策，使保护生态环境相关的法律、政策供给更加完善、合理，使执法更加规范，生态环保服务更加全面。另一方面，要注意监督政府的生态文明管理水平，监督企业绿色生产践行情况，包括是否存在对资源的掠夺甚至破坏性使用，是否使用清洁能源进行生产，产品是否符合生态环保标准，生产中是否有污染环境的行为等，对

---

① 《习近平谈治国理政》第三卷，外文出版社 2020 年版，第 375 页。

损害生态资源环境的行为进行及时的告知、曝光、举报等。同时自觉抵制有害生态环保的项目开展和商品生产。

（三）践行绿色消费方式

绿色发展是和绿色消费联系在一起的。有什么样的消费，就会有什么样的发展。合理的消费方式可以对自然环境形成积极的影响，不合理的消费自然会造成对生态环境的破坏。绿色消费是生态文明的理性展露。作为一种具有生态文明意蕴的理性消费方式，既有益于人体健康，又有利于生态环境"健康"。过去在传统经济理性支配下，消费成为不少人衡量生活质量的重要尺度，甚至唯一尺度，把消费视为人生追求的唯一目标。在这样的观念影响下，绿色消费肯定难以形成。在现实生活中，不少人只追求感官的享受，很少顾及自身消费行为对自然生态环境的影响与破坏，由此必然造成生态环境的破坏。实际上，从根本上来说，人并不是纯粹的经济动物，不能将单一的物质消费视为人类生存的最终目的，更不能将过度的、极具破坏性的消费作为自己的无限追求。人的生活是全面的，用以满足需要的消费也是全面的，形成科学、合理的消费方式，这是人的发展的内在要求，当然也是建设生态文明的必然要求。因此，需要"推动形成节约适度、绿色低碳、文明健康的生活方式和消费模式，形成全社会共同参与的良好风尚"①。

绿色消费是人们把生态文明融入日常经济行为的具体实践。如在人们购物时，应当考虑环境污染问题，倾向选择那些对自然危害较小的产品，甚至愿意支付较高的价格来购买绿色商品。具体行为包括：购物时随身携带可重复使用的购物袋，少用甚至不用一次性塑料袋；注重商品的实用价值，而非单纯地强调商品的观赏价值；选购使用寿命更长的高品质商品，

---

① 《习近平谈治国理政》第二卷，外文出版社 2017 年版，第 396 页。

而非功能一次性的商品；购买包装简单、环保，易降解商品；根据需要购买食物避免浪费等。绿色消费方式同时强调人们在消费的过程中要注重合理处理代内与代际关系。消费既要突出代内公平，又要强调代际公平。当代人消费决不能以牺牲后代人消费为代价，决不能为了当代人消费的满足而给后代人造成不可弥补的灾难。当代人消费应当承担起后代的责任，合理控制自己的消费行为，真正用生态伦理来指导和约束自己的消费，拒绝一切危害生态的消费。要提倡环保消费、适度消费、理性消费、节约型消费，切实促进人与自然和谐共生。

参考文献

一、中文著作

《马克思恩格斯文集》第 1—10 卷，人民出版社 2009 年版。

《马克思恩格斯选集》第 1—4 卷，人民出版社 2012 年版。

《马克思恩格斯全集》第 2 卷，人民出版社 1957 年版。

《马克思恩格斯全集》第 3 卷，人民出版社 1998 年版。

《马克思恩格斯全集》第 6 卷，人民出版社 1961 年版。

《马克思恩格斯全集》第 8 卷，人民出版社 1961 年版。

《马克思恩格斯全集》第 18 卷，人民出版社 1964 年版。

《马克思恩格斯全集》第 19 卷，人民出版社 1963 年版。

《马克思恩格斯全集》第 30 卷，人民出版社 1955 年版。

《马克思恩格斯全集》第 31 卷，人民出版社 1998 年版。

《马克思恩格斯全集》第 32 卷，人民出版社 1998 年版。

《马克思恩格斯全集》第 33 卷，人民出版社 2004 年版。

《马克思恩格斯全集》第 43 卷，人民出版社 2007 年版。

《马克思恩格斯全集》第 38 卷，人民出版社 2020 年版。

《马克思恩格斯全集》第 44 卷，人民出版社 2001 年版。

《马克思恩格斯全集》第 45 卷，人民出版社 2003 年版。

《马克思恩格斯全集》第 46 卷，人民出版社 2003 年版。

《列宁选集》第 1—4 卷，人民出版社 2012 年版。

《毛泽东选集》第 1—4 卷，人民出版社 1991 年版。

《毛泽东文集》第 3 卷，人民出版社 1996 年版。

《毛泽东文集》第 8 卷，人民出版社 1999 年版。

《邓小平文选》第1—2卷，人民出版社1994年版。

《邓小平文选》第3卷，人民出版社1993年版。

《习近平谈治国理政》第一卷，外文出版社2018年版。

《习近平谈治国理政》第二卷，外文出版社2017年版。

习近平：《决胜全面建成小康社会　夺取新时代中国特色社会主义伟大胜利——在中国共产党第十九次全国代表大会上的报告》，人民出版社2017年版。

《习近平关于社会主义生态文明建设论述摘编》，中央文献出版社2017年版。

张进蒙：《马克思恩格斯生态哲学思想论纲》，中国社会科学出版社2014年版。

杨通进、高予远：《现代文明的生态转向》，重庆出版社2007年版。

李明华等：《人在原野——当代生态文明观》，广东人民出版社2003年版。

高中华：《环境问题抉择论——生态文明时代的理性思考》，社会科学文献出版社2004年版。

姬振海：《生态文明论》，人民出版社2007年版。

余谋昌：《生态文明论》，中央编译出版社2010年版。

郇庆治：《重建现代文明的根基——生态社会主义研究》，北京大学出版社2010年版。

博华：《生态伦理学探究》，华夏出版社2002年版。

周林东：《人化自然辩证法——对马克思的自然观的解读》，人民出版社2008年版。

邓道喜：《马克思的人化自然观及其当代意义》，武汉理工大学出版社2009年版。

陈学明：《谁是罪魁祸首——追寻生态危机的根源》，人民出版社2012年版。

陈学明：《时代困境与不屈的探索》，黑龙江大学出版社2007年版。

陈学明：《驶向冰山的泰坦尼克号：西方左翼思想家眼中的当代资本主义》，人民出版社2007年版。

陈学明：《苏联东欧剧变后国外马克思主义趋向》，中国人民大学出版社2000年版。

张一兵：《文本学解读语境的历史在场：当代马克思哲学研究的一种立场》，北京师范大学出版社2004年版。

衣俊卿：《现代性焦虑与文化批判》，黑龙江大学出版社2007年版。

王雨辰：《生态学马克思主义与生态文明研究》，人民出版社2015年版。

王雨辰：《当代西方马克思主义哲学研究》，中国财政经济出版社2001年版。

王雨辰：《哲学与文化价值批判：解读当代西方马克思主义》，湖北人民出版社

2004 年版。

王雨辰：《哲学批判与解放的乌托邦》，黑龙江大学出版社 2007 年版。

王维、庞景君：《20 世纪西方的马克思主义思潮》，首都师范大学出版社 1999 年版。

曾枝盛：《20 世纪末国外马克思主义纲要》，中国人民大学出版社 1998 年版。

刘仁胜：《生态马克思主义概论》，中央编译出版社 2007 年版。

郇庆治：《环境政治国际比较》，山东大学出版社 2007 年版。

郇庆治：《欧洲绿党研究》，山东人民出版社 2000 年版。

郇庆治：《绿色乌托邦：生态主义的社会哲学》，泰山出版社 1998 年版。

郇庆治：《环境政治学：理论与实践》，山东大学出版社 2007 年版。

刘东国：《绿党政治》，上海社会科学院出版社 2002 年版。

柳树滋：《大自然观——关于绿色道路的哲学思考》，人民出版社 1993 年版。

宋祖良：《拯救地球和人类未来：海德格尔的后期思想》，中国社会科学出版社 1993 年版。

童天湘、林夏水：《新自然观》，中共中央党校出版社 1998 年版。

陈昌曙：《哲学视野中的可持续发展》，中国社会科学出版社 2000 年版。

李泊言：《绿色政治——环境问题对传统观念的挑战》，中国国际广播出版社 2000 年版。

张曙光：《生存哲学》，云南人民出版社 2001 年版。

杨信礼：《发展哲学引论》，陕西人民出版社 2001 年版。

王正平：《环境哲学》，上海人民出版社 2004 年版。

刘思华：《生态马克思主义经济学》，人民出版社 2006 年版。

刘大椿：《环境问题：从中日比较与合作的观点看》，中国人民大学出版社 1995 年版。

藏立：《马克思恩格斯论环境》，中国环境科学出版社 2004 年版。

周凡、李惠斌：《后马克思主义》，社会科学文献出版社 2007 年版。

周凡：《后马克思主义：批判与辩护》，中央编译出版社 2007 年版。

曾文婷：《"生态学马克思主义"研究》，重庆出版社 2008 年版。

郭剑仁：《生态地批判——福斯特的生态学马克思主义思想研究》，人民出版社 2008 年版。

王梦奎：《中国中长期发展的重要问题（2006—2020）》，中国发展出版社 2005 年版。

梁从诫：《2005 年：中国的环境危局与突围》，社会科学文献出版社 2006 年版。

陈振明：《法兰克福学派的科学技术哲学》，中国人民大学出版社 1992 年版。

解保军：《马克思自然观的生态哲学意蕴》，黑龙江大学出版社 2002 年版。

曾建平：《自然之思：西方生态伦理思想探究》，中国社会科学出版社 2004 年版。

李章印：《自然的沉沦与拯救》，中国社会科学出版社 1996 年版。

陈翠芳：《科技异化与科学发展观》，中国社会科学出版社 2007 年版。

傅永军：《控制与反抗：社会批判理论与当代资本主义》，泰山出版社 1998 年版。

刘福森：《西方文明的危机与发展伦理学》，江西教育出版社 2005 年版。

卢风：《人类的家园：现代文化矛盾的哲学反思》，湖南大学出版社 1996 年版。

卢风、刘湘溶：《现代发展观与环境伦理》，河北大学出版社 2004 年版。

卢风：《从现代文明到生态文明》，中央编译出版社 2009 年版。

何小青：《消费伦理研究》，上海三联书店 2007 年版。

王凤才：《批判与重建：法兰克福学派文明论》，社会科学文献出版社 2004 年版。

毛志峰：《人类文明与可持续发展——三种文明论》，新华出版社 2004 年版。

周毅：《跨世纪国略：可持续发展》，安徽科学技术出版社 1998 年版。

李训贵：《环境与可持续发展》，高等教育出版社 2004 年版。

钱俊生：《可持续发展的理论与实践》，中国环境科学出版社 1999 年版。

李振基等：《生态学》，科学出版社 2007 年版。

刘本炬：《论实践生态主义》，中国社会科学出版社 2007 年版。

雷毅：《深层生态学思想研究》，清华大学出版社 2001 年版。

魏波：《环境危机与文化重建》，北京大学出版社 2007 年版。

丁金光：《国际环境外交》，中国社会科学出版社 2007 年版。

巩英洲：《生态文明与可持续发展——对人类现在到未来文明的哲学探讨》，兰州大学出版社 2007 年版。

温刚等：《全球环境变化——我国未来（20—50 年）生存环境变化趋势的预测及研究》，湖南科学技术出版社 1997 年版。

吴晓军、董汉河：《西北生态启示录》，甘肃人民出版社 1962 年版。

陈丽鸿、孙大勇：《中国生态文明教育理论与实践》，中央编译出版社 2009 年版。

王凤：《公众参与环保行为机理研究》，中国环境科学出版社 2008 年版。

陶传进：《环境治理：以社区为基础》，社会科学文献出版社 2005 年版。

戴星翼：《走向绿色的发展》，复旦大学出版社 1998 年版。

张文台：《生态文明建设论：领导干部需要把握的十个基本体系》，中共中央党校出版社 2010 年版。

宋宗水：《生态文明与循环经济》，中国水利水电出版社 2009 年版。

本书编写组：《生态文明建设学习读本》，中共中央党校出版社 2007 年版。

时青昊：《20 世纪 90 年代以后的生态社会主义》，上海人民出版社 2009 年版。

于海量：《环境哲学与科学发展观》，南京大学出版社 2007 年版。

杨振强：《环境意识教育》，科学出版社 2001 年版。

中国环境与发展国际合作委员会、中共中央党校国际战略研究所：《中国环境与发展：世纪挑战与战略抉择》，中国环境科学出版社 2007 年版。

徐再荣：《全球环境问题与国际回应》，中国环境科学出版社 2007 年版。

姜春云：《偿还生态欠债——人与自然和谐探索》，新华出版社 2007 年版。

中国科学院可持续发展战略研究组：《2009 年中国可持续发展战略报告——探索中国特色的低碳道路》，科学出版社 2009 年版。

王民：《环境意识及测评方法研究》，中国环境科学出版社 1999 年版。

洪大用：《中国民间环保理论的成长》，中国人民大学出版社 2007 年版。

王丽莉：《绿媒体：中国环保传播研究》，清华大学出版社 2005 年版。

胡孙林等：《为了子孙后代——环境保护技术》，科学出版社、金盾出版社 1998 年版。

杨东平：《中国环境的危机与转机》，社会科学文献出版社 2008 年版。

严耕、杨志华：《生态文明的理论与系统建构》，中国编译出版社 2009 年版。

严耕等：《中国省域生态文明建设评价报告（ECI2010）》，社会科学文献出版社 2010 年版。

严耕等：《生态文明理论构建与文化资源》，中央编译出版社 2009 年版。

本书编撰委员会：《生态文明建设读本》，浙江人民出版社 2010 年版。

"推进生态文明建设探索中国环境保护新道路"课题组：《生态文明与环保新道路》，中国环境科学出版社 2010 年版。

黄承梁、余谋昌：《生态文明：人类社会全面转型》，中共中央党校出版社 2010 年版。

黄承梁：《生态文明简明知识读本（全民环境教育系列读本）》，中国环境科学出版社 2010 年版。

刘爱军：《生态文明研究》（第一辑），山东人民出版社 2010 年版。

曲格平、彭近新：《环境觉醒：人类环境会议和中国第一次环境保护会议》，中国环境出版社 2010 年版。

吴风章：《生态文明构建：理论与实践》，中央编译出版社 2008 年版。

丁丽燕：《环境困境与文化审思——生态文明进程中》，中国环境科学出版社 2007 年版。

薛晓源、李惠斌：《生态文明研究前沿报告》，华东师范大学出版社 2007 年版。

薛晓源、李惠斌：《中国现实问题研究前沿报告》，华东师范大学出版社 2007 年版。

李惠斌等：《生态文明与马克思主义——生态文明系列丛书》，中央编译出版社 2008 年版。

廖福霖：《生态文明建设理论与实践》，中国林业出版社 2001 年版。

沈国明：《21 世纪生态文明：环境保护》，上海人民出版社 2005 年版。

刘宗超：《生态文明观与全球资源共享》，经济科学出版社 2000 年版。

诸大建：《生态文明与绿色发展》，上海人民出版社 2008 年版。

王冷：《上海资源环境发展报告（2008）：上海的生态文明》，社会科学文化出版社 2008 年版。

孔德新：《绿色发展与生态文明绿色视野中的可持续发展》，合肥工业大学出版社 2007 年版。

万劲波、赖章盛：《生态文明时代的环境法治与伦理》，化学工业出版社 2007 年版。

唐少卿、唐海萍：《生态文明建设与西北的持续发展》，甘肃人民出版社 2003 年版。

陈寿朋：《生态文明建设论》，中央文献出版社 2007 年版。

刘湘溶等：《生态文明论》，湖南师范大学出版社 2003 年版。

刘湘溶：《生态意识论——现代文明的反省与展望》，四川教育出版社 1994 年版。

刘湘溶：《生态伦理学》，湖南师范大学出版社 1992 年版。

刘湘溶：《走向明天的选择——生态与道德》，山东教育出版社 1992 年版。

赵载光：《天人合一的文化智慧——中国传统生态文化与哲学》，文化艺术出版社 2006 年版。

欧阳志云：《中国可持续发展总纲（第 11 卷）——中国生态建设与可持续发展》，科学出版社 2007 年版。

庞元正：《全球化背景下的环境与发展》，当代世界出版社 2005 年版。

马桂新：《环境道德教育》，科学出版社 2006 年版。

王学俭：《现代思想政治教育前沿问题研究》，人民出版社 2008 年版。

赵峰等：《建设资源节约型、环境友好型社会指导手册》，人民日报出版社2009年版。

徐艳梅：《生态学马克思主义研究》，社会科学文献出版社2007年版。

二、翻译著作

[英] 戴维·佩珀：《生态社会主义：从深生态学到社会正义》，刘颖译，山东大学出版社2005年版。

[美] 詹姆斯·奥康纳：《自然的理由：生态学马克思主义研究》，唐正东等译，南京大学出版社2003年版。

[加] 本·阿格尔：《西方马克思主义概论》，慎之等译，中国人民大学出版社1991年版。

[美] 约翰·贝拉米·福斯特：《马克思的生态学：唯物主义与自然》，刘仁胜等译，高等教育出版社2006年版。

[美] 约翰·贝拉米·福斯特：《生态危机与资本主义》，耿建新等译，上海译文出版社2006年版。

[加] 威廉·莱斯：《自然的控制》，岳长龄等译，重庆出版社1993年版。

[英] 乔纳森·休斯：《生态与历史唯物主义》，张晓琼等译，江苏人民出版社2011年版。

[英] 特德·本顿：《生态马克思主义》，曹荣湘等译，社会科学文献出版社2013年版。

[英] 安东尼·吉登斯：《现代性的后果》，田禾译，译林出版社2011年版。

[法] 阿尔贝特·史怀泽：《敬畏生命》，陈泽环译，上海社会科学院出版社2003年版。

[美] 彼得·辛格：《动物解放》，祖述宪译，青岛出版社2004年版。

[美] 彼得·辛格：《实践伦理学》，刘莘译，东方出版社2005年版。

[日] 岩佐茂：《环境的思想》，韩立新译，中央编译出版社1997年版。

[美] 利奥波德：《沙乡年鉴》，侯文蕙译，吉林人民出版社2000年版。

[美] 罗尔斯顿：《环境伦理学》，杨通进译，中国社会科学出版社2000年版。

世界环境与发展委员会：《我们共同的未来》，王之佳等译，吉林人民出版社1997年版。

[美] 纳什：《大自然的权利》，杨通进译，青岛出版社1999年版。

[美] B.康芒纳：《封闭的循环》，侯文蕙译，吉林人民出版社2003年版。

[美] 唐纳德·沃斯特：《自然的经济体系——生态思想史》，商务印书馆 1999 年版。

[美] 霍尔姆斯·罗尔斯顿三世：《哲学走向荒野》，刘耳、叶平译，吉林人民出版社 2000 年版。

[日] 岸根卓郎：《环境论——人类最终的选择》，南京大学出版社 1999 年版。

[美] S.弗雷德·辛格、丹尼斯·T.艾沃利：《全球变暖——毫无来由的恐慌》，林文鹏、王臣立译，上海科学技术文献出版社 2011 年版。

[英] 克里斯托弗·卢茨：《西方环境运动：地方、国家和全球向度》，徐凯译，山东大学出版社 2005 年版。

[英] 布赖恩·巴克斯特：《生态主义导论》，曾建平译，重庆出版社 2007 年版。

[印] 萨拉·萨卡：《生态社会主义还是生态资本主义》，张淑兰译，山东大学出版社 2008 年版。

[英] 安东尼·吉登斯：《气候变化的政治》，曹荣湘译，社会科学文献出版社 2009 年版。

[美] 比尔·麦克基本：《自然的终结》，孙晓春、马树林译，吉林出版社 2000 年版。

[意] 奥尔利欧·佩奇：《世界的未来——关于未来问题一百页》，王肖萍、蔡荣生译，中国对外翻译出版公司 1985 年版。

[罗] 塞尔日·莫斯科维奇：《还自然之魅：对生态运动的思考》，庄晨燕、庄寅晨译，三联书店 2005 年版。

[匈牙利] 卢卡奇：《历史与阶级意识》，王伟光译，华夏出版社 1989 年版。

[美] A.托夫勒：《第三次浪潮》，朱志焱译，三联书店 1983 年版。

[美] 弗·卡普拉、查·斯普雷纳克：《绿色的政治——全球的希望》，石音译，东方出版社 1988 年版。

[美] 罗·麦金托什：《生态学概念和理论的发展》，徐嵩龄译，中国科学技术出版社 1992 年版。

[美] 蕾切尔·卡逊：《寂静的春天》，吕瑞兰等译，吉林人民出版社 1997 年版。

[美] 唐奈勒·H.梅多斯等：《超越极限》，赵旭译，上海译文出版社 2001 年版。

[德] A.施米特：《马克思的自然概念》，欧力同等译，商务印书馆 1988 年版。

[美] 丹尼尔·A.科尔曼：《生态政治：建设一个绿色社会》，梅俊杰译，上海译文出版社 2002 年版。

[英] 安德鲁·多布森：《绿色政治思想》，郁庆治译，山东大学出版社 2005 年版。

[美] 默里·布克金《自由生态学：等级制的出现与消解》，郇庆治译，山东大学出版社 2008 年版。

[美] 赫伯特·马尔库塞：《单向度的人》，张峰译，重庆出版社 1988 年版。

[德] 马克斯·霍克海默、西奥多·阿多诺：《启蒙辩证法》，渠敬东、曹卫东译，上海人民出版社 2003 年版。

[美] 诺曼·迈尔斯：《最终的安全：政治稳定的环境基础》，王正平等译，上海译文出版社 2001 年版。

[美] 安德鲁·芬伯格：《可选择的现代性》，陆俊等译，中国社会科学出版社 2003 年版。

[美] 安德鲁·芬伯格：《技术批判理论》，韩连庆等译，北京大学出版社 2005 年版。

[英] 罗宾·柯林武德：《自然的观念》，吴国盛、柯映红译，华夏出版社 1999 年版。

[德] 汉斯·萨克塞：《生态哲学》，文韬、佩云等译，东方出版社 1991 年版。

[德] 狄特富尔特：《人与自然》，周美琪译，三联书店 1933 年版。

[德] 乌尔里希·贝克：《世界风险社会》，吴英姿、孙淑敏译，南京大学出版社 2004 年版。

三、中文论文

[美] 克拉克：《马克思关于"自然是人的无机的身体"之命题》，《哲学译丛》1998 年第 4 期。

[美] W.H.默迪：《一种现代的人类中心主义》，《哲学译丛》1999 年第 2 期。

[美] 约翰·贝拉米·福斯特：《历史视野中的马克思的生态学》，《国外理论动态》2004 年第 2 期。

[美] P.拉斯金、S.伯诺夫：《生态学与马克思主义》，《国外社会科学》1992 年第 1 期。

[苏] Э.В.基鲁索夫、余谋昌：《生态意识是社会和自然最优相互作用的条件》，《哲学译丛》1986 年第 4 期。

王世涛、燕宏远：《"生态学马克思主义"论析》，《哲学动态》2000 年第 2 期。

王谨：《"生态学马克思主义"和"生态社会主义"》，《教学与研究》1986 年第 6 期。

慎之：《"生态学马克思主义"评介》，《光明日报》1987 年 9 月 7 日。

王建明：《"人类中心主义"之我见》，《哲学研究》1995 年第 1 期。

牟焕森：《马克思技术哲学思想与生态视角的技术批判》，《探求》2002 年第 4 期。

李青宜：《"生态学马克思主义"的"生态危机论"述评》，《马克思主义与现实》1997 年第 5 期。

陈振明：《技术、生态与人的需求——评"西方马克思主义"的生态危机理论》，《学术月刊》1995 年第 10 期。

杨玉生：《人与自然的关系和劳动价值论的历史意义——西方马克思主义经济学家论人和自然的和谐》，《广东社会科学》2007 年第 1 期。

俞吾金：《论抽象自然观的三种表现形式》，《上海交通大学学报（社会科学版）》1999 年第 4 期。

黄继锋：《政治生态学——生态马克思主义的一种观点》，《国外理论动态》1995 年第 22 期。

黄继锋：《"政治生态学"："生态学马克思主义"的一种解释》，《马克思主义研究》1995 年第 4 期。

李刚：《西方绿色政治学：范式变化与理论前景》，《东南学术》2004 年第 2 期。

郇庆治：《西方生态社会主义研究述评》，《马克思主义与现实》2005 年第 4 期。

郇庆治：《生态社会主义述评》，《马克思主义研究》2000 年第 4 期。

李其庆：《法国学者关于生态运动与马克思主义、社会主义关系问题的讨论》，《国外理论动态》1994 年第 35 期。

任恺：《"生态学马克思主义"辨义》，《马克思主义研究》2000 年第 4 期。

郭剑仁：《评福斯特对马克思的物质变换裂缝理论的建构及其当代意义》，《武汉大学学报（人文科学版）》2004 年第 2 期。

郭剑仁：《探索生态危机的社会根源：美国生态学马克思主义内部的争论》，《马克思主义研究》2007 年第 10 期。

何萍：《生态学马克思主义：作为哲学形态何以可能》，《哲学研究》2006 年第 1 期。

何萍：《自然唯物主义的复兴——美国生态学马克思主义哲学评析》，《厦门大学学报（哲学社会科学版）》2006 年第 2 期。

赵凌云：《生态学马克思主义与马克思主义的当代发展》，《伦理学》2005 年第 2 期。

王雨晨：《文化、自然与生态政治哲学概论》，《国外社会科学》2005 年第 6 期。

何怀远：《寻求"自然"的历史唯物主义空间》，《南京社会科学》2004 年第 12 期。

周穗明：《生态学马克思主义》，《国外理论动态》1993 年第 2 期。

周穗明：《生态学马克思主义论生态学与马克思主义的关系》，《新视野》1996 年第 3 期。

周穗明：《西方生态运动的政治分野与生态社会主义的当代发展》，《当代世界与社会主义》1997 年第 1 期。

任暟：《"生态学马克思主义"辨义》，《马克思主义研究》2004 年第 4 期。

任暟：《科技视阈下的绿色之维》，《江汉论坛》2007 年第 7 期。

曾文婷：《"生态学马克思主义"与马克思主义》，《学术论坛》2005 年第 10 期。

曾文婷：《生态学马克思主义探微》，《福建论坛》2004 年第 7 期。

卜祥记、曾文婷：《重返人类中心主义：生态学马克思主义的一个基本命题》，《理论界》2004 年第 2 期。

解保军：《安德瑞·高兹的"技术法西斯主义"理论评析》，《自然辩证法研究》2004 年第 7 期。

冯颜利：《论高兹后工业社会的休闲观》，《哲学动态》2005 年第 9 期。

蒋舟俊：《高兹的生态学马克思主义的政治哲学》，《江汉大学学报》2004 年第 6 期。

万建琳：《异化消费、虚假需要与生态危机：评西方生态学马克思主义的需要观和消费观》，《江汉论坛》2007 年第 7 期。

万建琳：《需要、商品与满足的极限：论威廉·莱斯的生态学马克思主义需要理论》，《国外社会科学》2008 年第 1 期。

朱士群：《马尔库塞的新技术观与生态学马克思主义》，《自然辩证法研究》1994 年第 6 期。

刘仁胜：《西方马克思主义对马克思与生态学关系的阐释》，《延边大学学报（社科版）》2003 年第 1 期。

刘仁胜：《约翰·福斯特对马克思生态学的阐释》，《石油大学学报（社会科学版）》2004 年第 1 期。

刘仁胜：《生态学马克思主义的生态价值观》，《江汉论坛》2007 年第 7 期。

陈食霖：《人与自然的矛盾及其化解——评福斯特的生态危机论》，《国外社会科学》2007 年第 2 期。

陈食霖：《生态批判与历史唯物主义的重构：评詹姆斯·奥康纳的生态学马克思主义思想》，《武汉大学学报》2006 年第 2 期。

陈食霖：《论西方生态学马克思主义对消费主义价值观的批判》，《江汉论坛》2007 年第 7 期。

吴宁：《高兹的生态学马克思主义》，《马克思主义研究》2006 年第 6 期。

吴宁：《高兹的生态政治学》，《国外社会科学》2007 年第 2 期。

吴宁：《高兹的资本主义观》，《毛泽东邓小平理论研究》2006 年第 7 期。

陈学明：《人的最终满足在于生产活动而不在于消费活动：生态学马克思主义的一个重要命题》，《马克思主义与现实》2002 年第 6 期。

陈学明：《评生态学马克思主义与后现代主义的对立》，《天津社会科学》2002 年第 5 期。

陈学明：《论生态学马克思主义对当代资本主义社会的新反思》，《毛泽东邓小平理论研究》2006 年第 1 期。

陈学明：《福斯特：消除生态危机必须丢掉幻想》，《哲学研究》2011 年第 11 期。

韩立新：《马克思的"对自然的支配"——兼评西方生态社会主义对这一问题的先行研究》，《哲学研究》2003 年第 10 期。

于冰：《"生命共同体"：生态文明的创新理念》，《山东社会科学》2022 年第 7 期。

于冰：《生态文明观变革的逻辑演进和实践意义》，《马克思主义研究》2022 年第 5 期。

于冰：《马克思自然观的三个维度及现实意义》，《马克思主义研究》2020 年第 3 期。

四、英文文献

Holmes Rolston, *Enviormentalethics*: *Duties to and values in the natural world*, Philadelphia：Temple University Press, 1987.

Nash, *The rights of nature*, London：The University of Wisconsin Press, 1989.

Thomas J.Misa, PhilipBrey, Andrew Feenberg, *Modernity and technology*, London：The MIT Press, 2003.

Korsh, *Marxism and Philosophy*, N.Y, 1970.

A.Schmidt, *The Concept of Nature in Marx*, London, 1973.

John Bellamy Foster, *Marx's Ecology in History Perspective*, London：In-ternational Socialism, 2002.

John Bellamy Foster, *Marx's Ecology: materialism and nature*, NewYork：Monthly Review Press, 2000.

James O'Conner, *Natural Causes: Essays in Ecological Marxism*, NewYork：The Guilford Press, 1998.

Paul Burkett, *Marx and Nature: A Red and Green Perspective*, Macmillan Press Ltd, 1999.

Reiner Grundman, *Marxism and Ecology*, Clarendon Press Oxford, 1991.

Howard L.Parsons, *Marx and Engels on Ecology*, London：Greenwood Press, 1977.

Ted Benton, *The Greening of Marxism*, New York, London : The Gu Press, 1996.

Andre Gorz, *Ecology As Politics*, South End Press, Boston, 1980.

Burkett P, *Marx and Nature*, London : MacMillan Press LTD, 1999.

Eric Higgs, Andrew Light, *Technology and the good life*, Chicago : The University of Chicago Press, 2000.

Holmes Rolston?, *Enviormental ethics: Duties to and values in the natural world*, Philadelphia : Temple University Press, 1987.

Nash, *The rights of nature*, London: The University of Wisconsin Press, 1989.

Thomas J.Misa, Philip Brey, *Andrew Feenberg, Modernity and technology*, London: The MIT Press, 2003.

Eric Higgs, Andrew Light, *Technology and the good life*, Chicago : The University of Chicago Press, 2000.

James O'Connor, *Natural Causes*, The Guilford Press, New York and London, 1998.

Andre Gorz, *Ecology as Politics*, Boston : South End Press, 1990.

Andre Gorz, *Critique of Economic Reason*, London, 1989.

Andre Gorz, *Capitalism, Socialism, Ecology*, London, 1994.

Andre Gorz, *The Division Labour: The Labour Process and Class-Struggle in Modern Capitalism*, Sussex : The Harvester Press, 1978.

William Leiss, *The Limits To Satisfaction*, Mcgill-Queen's University Press, 1988.

David Pepper, *The Roots of Modern Environmentalism*, Croom Helm, London, 1984.

Hawaid. L. Parsons, *Marxism and Ecology*, Green-wood, London, 1977.

ReinerGrundmann, *Marxism and Ecology*, Oxford University Press, 1991.

Ben A. Minteer, Elizabeth A.Corley, Robert E., *Manning. Environmental ethics beyond principle.The case for pragmatic contextualism*, Journal of Agricultural and Environmental Ethics, 2004（17）.

John Bellamy Foster, *Ecology Against Capitalism*, Monthly Review Press, 2002.

Michael Lowy, *From Marx to Eco-socialism*, Capitalism Nature Socialism, 2002（13）.

George Liodakis, *The People-Nature Relation and the Historical Significance of the Labor Theory of Value*, Capital and Class, Spring 2000（73）.

John Mackenzie, *Whatis to be（un）done?*, Proximal Post-Marxism and Ecologism,

Dialogue，2003（1）．

Noel Castree，*Marxism and the production of nature*，Capital &Class，Autumn 2000.

Ted Benton，*Marxism and Natural Limits*，New Left Review，1989（178）．

Ted Benton，*Ecology*，*Socialism and the Mastery of Nature*，New Left Review，1992（194）．

责任编辑：毕于慧

封面设计：石笑梦

版式设计：严淑芬

图书在版编目（CIP）数据

生态意识的培育与践行研究 / 于冰 著 . — 北京：人民出版社，2023.9

ISBN 978－7－01－025798－3

I. ①生… II. ①于… III. ①生态环境建设－研究－中国 IV. ① X321.2

中国国家版本馆 CIP 数据核字（2023）第 124544 号

生态意识的培育与践行研究

SHENGTAI YISHI DE PEIYU YU JIANXING YANJIU

于 冰 著

人民出版社 出版发行

（100706 北京市东城区隆福寺街 99 号）

北京中科印刷有限公司印刷 新华书店经销

2023 年 9 月第 1 版 2023 年 9 月北京第 1 次印刷

开本：710 毫米 ×1000 毫米 1/16 印张：16.75

字数：223 千字

ISBN 978－7－01－025798－3 定价：78.00 元

邮购地址 100706 北京市东城区隆福寺街 99 号

人民东方图书销售中心 电话（010）65250042 65289539